Wiebke Warneke

Beagle

Auswahl
Haltung
Erziehung
Beschäftigung

KOSMOS

Inhalt

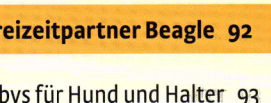

So sind Beagle

Einst als Meutehund für die Hasenjagd gezüchtet, verkörpert der Beagle heute alle Prädikate eines idealen Familienhundes; denn er ist sehr menschenbezogen, anpassungsfähig, verträglich mit anderen Hunden und kinderlieb, aber auch temperamentvoll, begeisterungsfähig und immer für einen Spaß aufgelegt. Allerdings hat er oft auch seine eigenen Vorstellungen vom Leben …

Geschichte und Ursprung

Der Volksmund sagt: „Der Hund ist der beste Freund des Menschen." So wahr dieser Satz auch ist – wie kam es eigentlich dazu? Der Haushund gehört zu der Familie der Hundeartigen (Canidae). Sein wissenschaftlicher Name *Canis familiaris* wurde 1758 von Linné geprägt. Durch genetische, ethologische und anatomische Untersuchungen gilt die Abstammung vom Wolf (*Canis lupus*) heutzutage als gesichert. Mit der Bezeichnung *Canis lupus forma familiaris* (die Hausform des Wolfes), die als die korrekteste Bezeichnung des Haushundes gilt, wird diese Abstammung auch namentlich deutlich. Noch vor einigen Jahren war diese Herkunft jedoch nicht allzu offensichtlich und es kamen neben dem Wolf der Kojote (*Canis latrans*) und der Goldschakal (*Canis aureus*) als mögliche Vorfahren in Betracht.

Beagle sind aufgeschlossen und menschenbezogen.

Die Jagd mit Beagle- und Foxhoundmeuten hat vor allem in Großbritannien Tradition.

Vorteile des Zusammenlebens

Konrad Lorenz, der einst noch den Schakal als Vorfahre ansah, erklärte sich die Haushundwerdung folgendermaßen: Vor vielen Jahren, als der Mensch noch in der Steppe jagte, umlagerten Goldschakale die Schlafstätten der Menschen, um deren Nahrungsabfälle zu verzehren. Dieses Schmarotzertum wurde von den Menschen geduldet, da es sich – wenn auch auf den zweiten Blick und den Menschen damals noch nicht bewusst – um eine symbiotische Beziehung handelte. Die Goldschakale waren nämlich verlässliche Wächter, die nachts die Menschen durch ihr Bellen aufweckten und warnten, falls sich ein Feind näherte. Nach vielen Generationen dieser Symbiose sind die Goldschakale schließlich zahmer und furchtloser geworden und folgten dem jagenden Menschen auf seinen Beutezügen, immer mit der Aussicht, Reste der Beute abzubekommen. Eines Tages könnte es passiert sein, dass die Menschen die Fährte des gejagten Tieres verloren haben. Aufgrund ihres hervorragenden Geruchssinns konnten die Schakale diese wieder aufspüren, woraufhin der Mensch den Goldschakalen folgte. Zum ersten Mal war nun die Reihenfolge hergestellt, in der Mensch und Hund seit jenem Tag die Beute jagen: erst der Hund – dann der Mensch. Wieder viele Generationen später, als der Mensch sesshaft geworden war, ist es denkbar, dass eine Frau oder ein Kind einen verwaisten Welpen aus Mitleid im Kreis der menschlichen Familie großgezogen haben.

Anpassung an den Menschen

Ob sich die Haushundwerdung nur durch eine freiwillige Annäherung der wilden Vorfahren an den Menschen oder eine Aufnahme eines hilfloser Welpen in den Familienverband ergeben hat, ist nur eine Vermutung. Fest steht jedoch, dass sich durch diese Domestikation die Lebensweise des Hundes im Vergleich zu der seiner Ahnen grundlegend geändert hat. Während der Wolf in organisierten Rudeln lebt, findet man den Hund als Sozialgefährten des Menschen meist allein oder zu zweit. Diese simplere soziale Organisation geht Hand in Hand mit einer Vereinfachung im Ausdruck und in der Kommunikation. So fehlt es dem Hund an vielen wölfischen Gebärden und Mimiken, die der Wolf zur Kommunikation einsetzen kann. Demgegenüber ist das Lautsystem Bellen beim Haushund wesentlich ausgeprägter als beim Wolf und wird viel häufiger benutzt.

Beagle – ein aus Frankreich stammender Brite

Um den Beagle verstehen zu können und ihm gerecht zu werden, muss man sich – wie bei jeder Rasse – etwas näher mit seiner Herkunft beschäftigen. Auch wenn seine Urahnen aus Frankreich auf die Britischen Inseln kamen, gilt der Beagle als britische Rasse. Gezüchtet wurde er aus verschiedenen alten Jagdhundrassen. Mit den Normannen, die 1066 die Britischen Inseln eroberten, kamen auch Nachkommen der seit dem 7. Jahrhundert von Mönchen in den Ardennen gezüchteten St. Hubertus-Hunde nach England. Der St. Hubertus-Hund war ein kleinerer, bluthundähnlicher, schwarzbrauner Hund. Gekreuzt mit Greyhounds, gewann er an Größe und Geschwindigkeit. Die von der normannischen Familie Talbot nach England eingeführten Hunde waren vorwiegend weiß, etwa 70 cm hoch und wurden Northern Hounds oder auch Talbots genannt. Diese Hunde waren zwar schnell und spursicher, sollen aber einen unangenehmen, schrillen Laut von sich gegeben haben. Um 1400 wurden diese dann mit Jagdhunden aus dem Süden Frankreichs, der Gascogne, gekreuzt. Diese, später als Southern Hounds bezeichneten Jagdhunde waren mittelgroß, bunt gescheckt, hatten viel lose Haut und einen schweren Kopf. Sie zeichneten sich durch eine ausgeprägte Jagdpassion, eine vorzügliche Nase und einen vollen, tiefen Spurlaut aus. Die hieraus entstandenen Hunde vereinten die Vorzüge ihrer Vorfahren: Schnelligkeit, Spursicherheit, Jagdleidenschaft gepaart mit Ausdauer und einem tiefen, sicheren Spurlaut, bestens geeignet, um in der Meute kleineres Wild zu jagen – wie im Standard des Beagles nachzulesen – vornehmlich Hasen.

Zu Fuß gejagt

Auf vielen Abbildungen sind Beaglemeuten mit ihren menschlichen Begleitern zu sehen. Im Gegensatz zur Foxhoundmeute wurde diesen jedoch zu Fuß und nicht zu Pferde gefolgt. Sicherlich sind Beagle und Foxhound enger verwandt, es ist aber keinesfalls so, dass es sich beim Beagle um eine kleine Form des Foxhounds handelt. Vielmehr gab es Beaglemeuten in Großbritannien schon zu einem Zeitpunkt, als die Fuchsjagd dort noch längst nicht populär war. In den letzten Jahrhunderten gewann die Fuchsjagd an Popularität. Erst vor wenigen Jahren wurde die traditionelle Meutejagd auf lebendes Wild von der Regierung verboten.

Der Meutehintergrund spielt auch für den heutigen Haushund Beagle eine große Rolle.

Für seine Körpergröße hat der Beagle eine kräftige Stimme. Möglicherweise liegt hier auch der Ursprung des Rassenamens.

Woher der Name Beagle stammt

Die Bezeichnung „Beagle" soll erstmals 1475 in dem Buch „The Squire of Low Degree" aufgetreten sein. Im Jahre 1515 tauchen Buchungen in den Haushaltsbüchern König Heinrichs VIII. unter der Bezeichnung „Keper of the Begles" auf. Die Herkunft der Bezeichnung Beagle, die anfangs wohl für eine ganze Gruppe von kleinen, spurlauten Jagdhunden galt, ist nicht eindeutig geklärt. Möglicherweise geht sie auf das französische „begueule" zurück, was so viel wie „geöffnete Kehle" oder „lautes Maul" heißt. Verbreiteter ist jedoch die Ansicht, dass der Ursprung im keltischen „beag" beziehungsweise dem französischen „beigh" liegt, was beides „klein" bedeutet.

Die Anerkennung der Rasse

Die offizielle Anerkennung des Beagles als Rasse erfolgte im Jahr 1873 durch den britischen Kennel Club. Neun Jahre nach Gründung der Vereinigung der Meutehalter „The Association of Masters of Harriers and Beagles" wurde 1890 mit dem „Beagle Club" der erste, diese Rasse betreuende Verein in Großbritannien gegründet. Von nun an wurde durch engagierte Züchter gezielt die Festigung und Verbesserung des Erscheinungsbildes unter Beibehaltung der Leistungsfähigkeit betrieben. Und dies bis heute mit großem Erfolg.

Auf dem europäischen Festland wurde der Beagle erst in der zweiten Hälfte des 20. Jahrhunderts bekannter, und im Jahre 1972 gründeten einige Beagle-Enthusiasten den Beagle Club Deutschland (BCD) e.V., bis heute der einzige Verein, der diese Rasse unter dem Dach des Verbands für das Deutsche Hundewesen (VDH) vertritt und der zugleich Mitglied im Jagdgebrauchshundverband (JGHV) ist. Aus den zaghaften Anfängen entwickelte sich mit der Zeit ein vitaler Verein mit gegenwärtig circa 2600 Mitgliedern und über 120 Züchtern. Mit seinen 16 Landesgruppen ist das Angebot an Ausbildungslehrgängen für die Hunde, Weiterbildungsmaßnahmen für die Besitzer, sportlichen und jagdlichen Aktivitäten flächendeckend und vielfältig.

Info | **Royale Mini-Meute**

Klein waren vor allem die Beagle der englischen Königin Elizabeth I. Nach diesen knapp 20 cm kleinen „Pocket Beagles", die Ende des 19. Jahrhunderts ausstarben, wird noch heute bei Züchtern nachgefragt.

Das Wesen(tliche) im Überblick

Sanft und freundlich

Beagle und vor allem Beaglewelpen bestechen durch ihren sanften Ausdruck und ihren Charme. Dies hat zweifellos dazu beigetragen, dass weltweit kaum eine andere Rasse auf so vielen Postkarten, Tassen oder Kunstdrucken abgebildet ist. Ihr aufgewecktes, liebenswürdiges Wesen darf aber nicht darüber hinwegtäuschen, dass es sich beim Beagle um einen ambitionierten, ausdauernden Jagdhund handelt. Auch wenn der Meutehintergrund für unsere heutigen Beagle keine direkte Rolle mehr spielt, ist dieser für das Wesen der Rasse nach wie vor von großer Bedeutung und dafür mitverantwortlich, dass diese Rasse in den letzten Jahren stetig an Beliebtheit gewann. Als ehemaliger Meutehund ist der Beagle kontaktfreudig und aufgeschlossen – nicht nur anderen Hunden gegenüber, sondern auch dem Menschen. Nicht zuletzt durch seine friedfertige und vor allem kinderfreundliche Art ist die Nachfrage nach dem Beagle als Familienhund in den letzten Jahren enorm gestiegen. In der Hand verantwortungsbewusster und tierlieber Besitzer, ist dem Beagle Aggression weitgehend fremd. Leider ist es auch genau diese Gutmütigkeit und Aggressionslosigkeit, die ihn häufig zum Versuchstier hat werden lassen.

Tipp | Abwechslung

Es ist ratsam, dem arbeitsfreudigen Beagle abwechslungsreiche und ausdauernde Spaziergänge, sportliche Aktivitäten wie Agility, Flyball, Dog Dancing oder andere herausfordernde Bewegungsspiele anzubieten.

Durch und durch ein Jäger

Erhalten hat sich beim Beagle aber auch sein ausgeprägter Jagdinstinkt, basierend auf seiner vorzüglichen Nase und seinem unbändigen Arbeitswillen. Aus diesem Grund wird der Beagle oft als Arbeitshund auf Flughäfen oder beim Zoll eingesetzt. Der starke Bewegungsdrang und der Hang zur Nasenarbeit sollte aber auch beim Familien-Beagle befriedigt und beachtet werden, will man nicht plötzlich im Wald ohne seinen spurlaut jagenden Hund dastehen und stundenlang auf dessen Rückkehr warten.

Schon als Welpe zeigt der Beagle seine Bewegungsfreude.

Beagle sind gesellig, freundlich und anhänglich.

Fell und Körperbau

Neben der Wesensfestigkeit, der Ausdauer, dem hochgradigen Auffassungsvermögen und Arbeitswillen, ist beim Einsatz zur Jagd auf Niederwild auch eine entsprechende Anpassung im Körperbau vonnöten. Die festgelegte Schulterhöhe von mindestens 33 cm bis höchstens 40 cm erklärt sich aufgrund der unterschiedlichen Gebiete, in denen der Beagle zur Jagd eingesetzt wurde. Auf weitgehend ebenen Wiesen mit dichten Hecken waren kleinere Hunde im Vorteil, um einem Hasen folgen zu können, während in unzugänglichen, hindernisreichen Gegenden, oder auf gepflügtem Ackerland Hunde auf höheren Läufen erfolgreicher waren. Auch das kurze, dichte, wetterbeständige Haarkleid, das jede anerkannte Houndfarbe außer leberbraun zeigen darf, hat sich hier bewährt. Die weiße Rutenspitze des Beagles lässt sich ebenfalls durch seinen ursprünglichen Einsatz als Jagdhund erklären. Da der Mensch der spurlaut jagenden Meute zu Fuß folgt, hat die weiße Schwanzspitze Signalfunktion im unübersichtlichen Gelände, wenn die Tiere eine Hasenfährte aufnehmen und sich schnell entfernen.

Passt ein Beagle zu mir? – Überlegungen vor dem Kauf

Wenn Sie darüber nachdenken, einen Beagle zu kaufen, sollten Sie unbedingt dessen Charaktereigenschaften und Wesenszüge in Ihre Wahl miteinbeziehen. Sie sollten sich auch darüber im Klaren sein, dass ein Beagle durchschnittlich 12–15 Jahre alt wird und man sich auf eine lange, viel Aufmerksamkeit erfordernde, aber auch beide Seiten bereichernde Partnerschaft einlässt. Auf der Suche nach einem Wach- oder Schutzhund für Haus und Hof ist man mit einem Beagle nicht gut beraten. Aufgrund seiner Kontaktfreudigkeit und Aufgeschlossenheit wird jeder Besucher – sei es Freund oder Feind – erst einmal freudig empfangen. Der Beagle ist fest davon überzeugt, dass Gäste stets seinetwegen zu Besuch kommen. Ihm ist unbegreiflich, wenn seine Freundlichkeit ignoriert und nicht mit ausgiebigen Streicheleinheiten – der Beagle ist, was das angeht, ein sehr genussvoller Hund – erwidert wird. Er lebt frei nach dem Motto: „This house is for the comfort of the dogs, visitors must take second place."

An der lockeren Leine zu laufen, fällt vor allem jungen Heißspornen schwer. Doch mit einem Leckerli gewinnen Sie seine Aufmerksamkeit leicht.

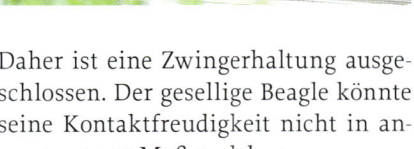

Daher ist eine Zwingerhaltung ausgeschlossen. Der gesellige Beagle könnte seine Kontaktfreudigkeit nicht in angemessenem Maß ausleben.

Konsequenz von Anfang an

Bei der Erziehung zeigt sich der Beagle aufmerksam, intelligent und lernfreudig. Allerdings erfordert es einiges an Konsequenz, da Beagle oft relativ dickköpfige und selbstbewusste Zeitgenossen sind. Die effektivste Erziehung erlangen Sie durch positive Bestärkung erwünschter Verhaltensweisen in Form von Lob, Streicheleinheiten oder auch

Tipp | Freude zügeln

Auch bei Spaziergängen zeigt sich das temperamentvolle und kontaktfreudige Wesen des Beagles. Jeder Hundekumpel, aber auch jeder Passant wird freundlich begrüßt. Es ist wichtig, dem Hund von Anfang an beizubringen und später immer wieder deutlich zu machen, dass es nicht immer geschätzt wird, wenn diese herzliche Begrüßung in stürmisches Anspringen und Umrempeln ausartet.

Leckerli. Mit harten Strafen werden Sie den erwünschten Effekt nicht erreichen, außerdem kann die erhoffte harmonische und auf Vertrauen basierende Mensch-Hund-Beziehung nicht aufgebaut werden.

Muss man seinen Hund dennoch einmal bestrafen, ist es am besten, die ungewünschte Handlung des Tieres zu ignorieren und ihm keinerlei Aufmerksamkeit bei Ausübung der Missetat zukommen zu lassen. Meist suchen die Tiere die Aufmerksamkeit, und wenn sie sie nicht bekommen, werden sie ihr „erfolgloses" Handeln bald wieder unterlassen.

Bettelt Ihr Beagle beispielsweise am Tisch, sollten Sie nicht auf ihn einreden oder ihn gar bestrafen. Ignorieren Sie sein Verhalten und Sie werden merken, dass der Hund, solange nicht ab und zu doch einmal – ganz aus Versehen, versteht sich – ein Häppchen zu Boden fällt, Sie beim Essen in Ruhe lassen wird. Hat Ihr Beagle allerdings Erfolg mit seiner Bettelei, wird er es immer wieder versuchen. Und Beagle können hartnäckig sein! Vergessen Sie nicht: Einmal verboten ist immer verboten. Halten auch Sie sich daran.

Beagle sind ziemlich verfressen. Ein Büffelhautknochen fördert die Kaumuskulatur.

ren, denn wer hier nicht gleich zuschlägt, geht leer aus. Das Betteln lässt sich jedoch, wie beschrieben, gut in den Griff bekommen. Reicht das Ignorieren nicht aus, versucht man, das Tier zuerst indirekt zu bestrafen. Probiert Ihr Beagle beispielsweise, aus Ihrem frisch angelegten Rosenbeet eine Kraterlandschaft zu machen, strafen Sie ihn, indem Sie ihn mit dem Gartenschlauch nass spritzen oder ihm durch ein lautes Geräusch einen gehörigen Schrecken einjagen. Der Hund sollte den Wasserstrahl oder das Geräusch

Das Toben mit Artgenossen bereitet dem kontaktfreudigen Beagle besonders große Freude.

Fördern ohne umzukrempeln

Bei der Erziehung eines Hundes muss man stets daran denken, dass zwar positive Charaktereigenschaften und Anlagen gefördert werden sollen, der Hund aber nicht komplett umgezogen beziehungsweise umgekrempelt werden kann. Es ist also fast unmöglich, dem Beagle seine ausgeprägte Verfressenheit abzugewöhnen. Diese lässt sich auf das Leben in der Meute zurückfüh-

möglichst nicht mit Ihnen in Verbindung bringen. Dann belasten Sie das Verhältnis zu Ihrem Beagle nicht und er wird mit etwas Glück die Buddelei auch dann unterlassen, wenn Sie nicht gerade daneben stehen. Müssen Sie Ihren Hund Ihrer Meinung nach aber doch einmal direkt bestrafen, tun Sie dies unmittelbar nach der Straftat durch einen kurzen Schnauzengriff, bei dem mit Daumen und Zeigefinger über den Fang gefasst wird. Dieser muss unbedingt mit einem Markerwort wie „Pfui" oder „Aus" verknüpft werden, da dieses zukünftig oftmals allein ausreichen wird, um Ihren Hund aktiv zu ermahnen und zu bestrafen.

Gesellige Hunde

Da es sich beim Beagle ursprünglich um einen in der Meute lebenden Hund handelt, ist es undenkbar, ihn über viele Stunden allein zu lassen. Lässt man ihn dennoch lange unbeaufsichtigt, kann der gelangweilte und unglück-

liche Hund seine Besitzer mit angenagten Möbeln und Pfützen auf dem Teppich, sowie deren Nachbarn mit klagendem Gebell oder Geheul strafen. Beagle wollen in das Sozialleben eingebunden werden. Es muss nicht unbedingt eine eigene Beaglemeute sein, Menschen werden gern als Ersatz akzeptiert, solange sie ihm Gesellschaft leisten. Sie können Ihren Hund auch gern mit ins Restaurant oder zu Freunden nehmen. Beagle sind friedliche Hunde und zeigen anderen Hunden oder Menschen gegenüber keine Aggression. Allerdings sollte das Event hundgerecht sein, nicht, dass es in Stress ausartet. Ein Jahrmarktsbummel ist nichts für Hunde, wo Hunderte von Beinen um ihn herumtrampeln, laute Geräusche und blinkende Lichter auf ihn einstürzen. Wenn Sie nicht einschätzen können, ob der geplante Ausflug für Ihren Hund zu viel sein könnte, ist es hilfreich, sich auf Augenhöhe des Hundes zu begeben. Es ist erstaunlich, wie bedrohlich eine Menschenmasse aus dieser Perspektive sein kann.

Ist der Beagle in das menschliche Meuteleben integriert, lernt er, auch hin und wieder über einen angemessenen Zeitraum allein zu bleiben. Schließlich ist es besser, ihn bei Einkäufen zu Hause zu lassen, als ihn vor dem Supermarkt anzubinden. Und auch Kino- sowie Theaterbesuche sollten für Hundebesitzer möglich sein.

Jeder Hund muss lernen, zeitweise allein zu bleiben. Dem kontaktfreudigen Beagle fällt dies nicht leicht.

Tipp | Auf Augenhöhe

Begeben Sie sich auf die Knie und bewerten Sie die Sachlage aus der Augenhöhe Ihres Hundes. Aus dieser Perspektive können Sie besser einschätzen, ob die Veranstaltung für Ihren Beagle Stress bedeutet.

Wenn Sie sich für einen Beagle entscheiden, sollten Sie sich vor dem Kauf Gedanken machen und entsprechendes Wissen aneignen, um die richtigen Entscheidungen treffen zu können. Dann wartet sicherlich eine wunderbare Zeit als Beagle-Halter auf Sie.

Überlegungen vor dem Kauf

Wenn Sie nach der kurzen Einführung immer noch das Gefühl haben, dass der Beagle genau die richtige Hunderasse für Sie ist, sollten Sie sich dennoch ein paar Fragen vor der Anschaffung stellen. Meistens stellen Züchter bei Ihrem ersten Besuch ganz ähnliche Fragen. Kommen Ihnen bei der Beantwortung doch noch – wenn auch geringe – Zweifel, überdenken Sie Ihre Entscheidung noch einmal gewissenhaft. Es ist wichtig, dass Bedingungen vorliegen, die sowohl dem Besitzer als auch dem Hund ein schönes und erfülltes Leben ermöglichen.

Die Anschaffung eines süßen Welpen will gut überlegt sein, will man dem Hund doch ein Leben lang gerecht werden.

Lebenserwartung
Sind Sie bereit, die nächsten 12–15 Jahre mit einem Beagle an Ihrer Seite zu verbringen? Beagle werden glücklicherweise recht alt, im Gegensatz zu manch großer, schwerer Hunderasse.
Das Durchschnittsalter liegt bei 12–15 Jahren. Unsere älteste Hündin Dunja wurde sogar 17. Man muss sich darüber im Klaren sein, dass ein Hund sein ganzes Leben lang Bedürfnisse hat und bestimmte Anforderungen an seine Besitzer stellt.

Beagle sind stets bereit
für Unternehmungen
aller Art.

Natürlich wird das Zusammenleben mit dem Beagle nach seiner „Sturm-und-Drang-Phase" und nachdem eine gute Erziehung Früchte getragen hat, weniger nervenaufreibend sein; doch der zeitliche Aufwand, den man für seinen Hund aufbringen muss, bleibt der Gleiche. Auch ein stubenreiner und erzogener Hund muss regelmäßig Gassi geführt und beschäftigt werden. Zudem werden gerade Hunde im Alter wieder anspruchsvoller: Schwerhörigkeit, Inkontinenz und häufigere Tierarztbesuche sollten kein Grund sein, den Hund abzugeben oder am Ende gar einzuschläfern. Ein Hund ist ein Freund, in guten wie in schlechten Zeiten und so sollten Sie ihn auch behandeln. Alles andere ist einem, dem Menschen treu ergebenen Lebewesen, unwürdig.

Info Beagle-Menschen

Der Beagle ist für Menschen mit Zeit, Geduld und einer Portion Humor, die auch mal fünfe gerade sein lassen können. Wenn Sie einen liebevollen, langjährigen Begleiter mit eigenem Willen suchen, werden Sie viel Freude an dieser ganz besonderen Partnerschaft haben.

Jagdpassion

Ist der Beagle wirklich die richtige Rasse für Sie? Das fröhliche und offene Wesen des Beagles wurde schon oft erwähnt. Es macht ihn zu einem idealen Familienhund. Aber auch ein jung gebliebenes und fideles Rentnerpaar kann für einen Beagle eine hervorragende Ersatzmeute bilden. Ein normal gearteter Beagle wird niemals Aggression gegen den Menschen – egal ob jung oder alt – richten. Gerade im Umgang mit Kindern muss man sich keine Sorgen machen, dass der Beagle jemals die Geduld verliert. Suchen Sie also einen friedfertigen, liebevollen Hund, der als neues Familienmitglied in den Kreis Ihrer Lieben aufgenommen werden soll, liegen Sie bei einem Beagle nicht falsch. Allerdings gelten Beagle als dickköpfig und stur, was die Erziehung nicht erleichtert. Bestimmte Charaktereigenschaften wie Verfressenheit oder Jagdinstinkt wird man ihm nicht abgewöhnen. Bei Spaziergängen in wildreichen Gebieten ist es wichtig, dass man die Kontrolle über seinen Hund behält. Hier sollte man ihn lieber nicht von der Leine lassen. Auch in Ihnen unbekannten Gebieten ist besondere Vorsicht geboten. Merken Sie, dass Ihr Hund unruhig wird und die Nase zu Boden geht, rufen Sie ihn schleunigst zu sich, oder lassen ihn „Sitz" beziehungsweise „Platz" machen, um ihn schnellstens anzuleinen. Einwirken kann man nur, solange der Beagle noch nicht im schnellen Galopp die Fährte aufgenommen hat. Wurde dieser Zeitpunkt verpasst und der Hund folgt bereits mit aufgeregtem Spurlaut der gut riechenden Fährte, hat man nur noch die Möglichkeit abzuwarten. Ist man zu zweit, sollte eine Person vor Ort bleiben, die zweite dem spurlauten Hund

folgen. Normalerweise wird der Hund auf seiner eigenen Spur zurücklaufen und früher oder später an dem Ort, an dem er die Fährte aufgenommen hat, auftauchen. Unglücklicherweise können stark befahrene Straßen, Passanten, die den armen Hund aus gut gemeinter Tierliebe mitnehmen, oder Ähnliches dazwischen kommen. Darüber hinaus kann es sich beim Warten auch mal um ein bis zwei Tage handeln. Überlegen Sie sich also gut, ob Sie dieses Risiko wirklich eingehen wollen. Abgewöhnen können Sie den Jagdinstinkt auch einem bestens erzogenen Beagle nie. Sollte Ihr Hund dann aber wieder zurückgefunden haben, bestrafen Sie ihn nicht, sondern loben Sie ihn überschwänglich. Denken Sie daran, Ihr Hund verknüpft Ihre Reaktion stets mit seiner letzten ausgeführten Handlung. Würden Sie schimpfen, würden Sie damit nicht sein Weglaufen, sondern sein Wiederkehren bestrafen.

Schlechte Karten für Gehorsamkeitsfanatiker und Saubermänner

Gehorsamkeitsfanatiker sind mit einem Beagle nicht so gut beraten. Der Beagle ist zwar ein sehr arbeitswilliger und lernfähiger Hund, aber er hat durch seine neugierige, temperamentvolle und unternehmungslustige Art auch allerhand Unsinn auf Lager.

Vor allem in Wald und Feld muss der Beagle unter ständiger Kontrolle gehalten werden. Denn er hat eine exzellente Nase und verfolgt Wildspuren mit großer Ausdauer.

Wer einen Schutz- und Hütehund zur Verteidigung möchte, liegt mit dem Beagle ebenfalls daneben. Jeder Besucher wird freundlich mit einem Schwanzwedeln begrüßt.

Auch ein „Herr Saubermann" eignet sich schlecht als Beaglebesitzer. Zwar haben Beagle kurzes Fell, aber auch dieses haftet hervorragend auf Ihrem Veloursteppich oder an Ihrer schwarzen Hose. Zudem wird nach jedem Spaziergang etwas Dreck ins Haus transportiert. Dass Sie aus diesen Gründen Streicheleinheiten und Körperkontakt vernachlässigen, wird ein Beagle sicher nicht akzeptieren. Wie Sie sehen, geht es mitnichten nur darum, ob der Beagle Ihren Ansprüchen gerecht werden kann, sondern auch darum, ob Sie zu einem Beagle passen.

Alle einverstanden?

Als Meutehund wird sich der Beagle stets bemühen, zu all seinen „Meutemitgliedern" ein liebenswürdiges und freundschaftliches Verhältnis aufzubauen. Es ist undenkbar, dass sich seine Aufmerksamkeit nur auf eine einzige Person im Haushalt richtet. Wird ein Kind damit beauftragt, die Erziehung und Versorgung des Hundes zu übernehmen, ist es außerordentlich wichtig, dass sich die Eltern darüber im Klaren sind, auch Verantwortung übernehmen zu müssen. Kinder können schnell das Interesse an neuen Dingen verlieren und sind oft mit der verantwortungsvollen Aufgabe überfordert. Daher ist es wichtig, dass alle Familienmitglieder die Entscheidung, einen Beagle aufzunehmen, tragen. Der Hund wird es nicht verstehen, wenn er von einer Person aus für ihn nicht nachvollziehbaren Gründen Ablehnung erfährt. Haben Sie diese Frage innerhalb Ihrer Familie geklärt und der Wunsch nach einem Beagle besteht weiterhin, ist es wichtig, dass kein Familienmitglied an einer Hundehaarallergie leidet. Einer der traurigsten Gründe für die Rückgabe eines Welpen ist es, wenn Mensch und Hund sich ineinander verliebt haben, aber aus gesundheitlichen Gründen nicht zusammen sein können.

Faktor Zeit

Haben Sie auch Tag für Tag genügend Zeit für Ihren Schützling? Für vollzeitbeschäftigte Menschen ist ein Hund gleich welcher Rasse ungeeignet. Man wird weder sich noch dem Tier Freude bereiten. Selbst bei einem Halbtagsjob ist der Hund zu regelmäßig und zu lang allein. Idealerweise kann der Hund rund um die Uhr von einem Familienmitglied betreut werden. Besonders am Anfang ist das wichtig, um den Welpen stubenrein zu bekommen. Jeder Hund sollte jedoch auch lernen, hin und wieder über einen bestimmten Zeitraum allein zu bleiben. Fühlt sich der Beagle akzeptiert und in das Familienleben integriert, ist Alleinbleiben meist kein Problem, solange es nicht regelmäßig und über viele Stunden ist. Auch das reine „anwesend sein" wird Ihrem Hund nicht ausreichen. Ein Beagle braucht jede Menge Auslauf, Beschäftigung und Zuneigung. Sie müssen also genügend Zeit für mindestens 3 Spaziergänge am Tag (von denen einer mindestens eine Stunde dauern und die Möglichkeit zum Freilauf bieten sollte), sportliche und spielerische Aktivitäten sowie Streicheleinheiten einplanen.

Urlaubspläne

Sind Sie begeisterter Musiker und mit Ihrem Orchester oder Chor ständig auf Konzertfahrt? Tauchen Sie leidenschaftlich gern und planen daher Ihre Reisen stets ins ferne Ausland? Falls ja, denken Sie noch einmal über die Anschaffung eines Hundes nach. Selbstverständlich können Sie auch weitere Hobbys neben Ihrem Beagle haben. Allerdings wird bei einer intensiven Beschäftigung mit Ihrem Hund nicht mehr genügend Zeit für sehr aufwendige Hobbys übrig bleiben, vorausgesetzt man möchte seinem Hund gerecht werden. Auch häufige Flug- und lange Autoreisen sollten von der Wunschliste gestrichen werden. Sicherlich ist es möglich, eine Flugreise ohne seinen Liebling anzutreten, wenn für seine Betreuung – etwa bei anderen Beaglebesitzern, Freunden oder Verwandten – gesorgt ist. Grundsätzlich sollten Sie Ihre Urlaube hundefreundlich planen. In den meisten Fällen stellt sich diese Einschränkung im Nachhinein als nichtig heraus, da Sie sich einen Urlaub ohne Hund kaum noch vorstellen können.

Platz ist in der kleinsten Hütte ...
Haus und Garten sind natürlich ideal, wenn man einen Hund haben möchte. Allerdings ist der Garten kein Ersatz für Spaziergänge. Ihr Hund wird bald jeden Quadratmeter des Anwesens in- und auswendig kennen. Der Garten würde ihm nicht genügend Abwechslung und darüber hinaus auch nicht genügend Auslauf bieten. Hat man kein Haus und keinen Garten zur Verfügung, muss das nicht gleich bedeuten, dass man keinen Beagle halten kann. Auch eine geräumige Wohnung kann – vorausgesetzt man bietet seinem Hund genügend Auslauf – ein schönes Heim für einen Beagle darstellen. Wenn Sie in einer Mietwohnung leben, sollten Sie sich vor dem Kauf des Hundes unbedingt vergewissern, dass Ihr Vermieter mit der Haltung von Haustieren einverstanden ist, damit nicht kurzfristig ein tränenreicher Abschied oder Umzug anstehen.

Mit Kindern toben gehört zu seinen Lieblingsbeschäftigungen.

Ein Transportkäfig bietet optimalen Schutz auf Reisen.

Transport im Auto

Genügend Platz bedeutet auch, dass Ihr Auto groß genug sein muss, um den Hund zu transportieren. Am besten bietet sich ein Kombi mit Ladefläche an, auf der eine Transportbox für Hunde installiert wird. Die Box sollte Ihrem Hund natürlich ausreichend Platz bieten und Sie sollten ihn auch frühzeitig – und erst außerhalb des Autos – daran gewöhnen. Wichtig ist, dass der Hund seine Box gern betritt und sich gern in ihr aufhält. Legen Sie ihm sein Lieblingsspielzeug oder ein spezielles Leckerli hinein und schließen Sie die Tür nicht gleich beim ersten Mal. Gerade Welpen wissen einen solchen Schlafplatz sehr zu schätzen, da er ihnen den gewünschten Höhleneffekt bietet. Nirgends sonst ist Ihr Hund später im Auto so gut und so sicher untergebracht und wird bei einer schärferen Bremsung nicht zur Gefahr.

Erziehung und Versorgung

Über den zeitlichen Aufwand und die Ansprüche an Ihre Person haben wir nun schon gesprochen. Ein Hund verändert Ihr Leben von dem Zeitpunkt an, an dem er zu Ihnen kommt. Sie müssen vom ersten Tag an uneingeschränkt hinter Ihrem Tier stehen. Eventuell wird er Sie ab und zu in eine peinliche Lage bringen und Sie müssen seinetwegen unangenehme Situationen meistern. Wird er einmal krank, müssen Sie damit umgehen können, Ihren Schatz eventuell leiden zu sehen und ihm neben der tierärztlichen Hilfe Ihre uneingeschränkte Unterstützung anbieten. Darüber hinaus muss man einen Hund erziehen, was Konsequenz und Ausdauer erfordert. Neben den genetischen Anlagen, der Prägung und ersten Sozialisierung mit den Wurfgeschwistern beim Züchter ist es vornehmlich Ihre Erziehung, an der es liegt, Ihren Hund zu einem angenehmen und fröhlichen Zeitgenossen zu machen. Reagiert der Hund einmal nicht so, wie Sie es möchten, dürfen Sie keinesfalls ungeduldig werden oder gar ausrasten. Ihr Beagle wird eine ausgeglichene und geradlinige Person gern als seinen Besitzer akzeptieren. Wegen seiner lebendigen, unternehmungslustigen aber auch sensiblen Art müssen Sie gleichermaßen durchsetzungsfähig, flexibel, anpassungsfähig und einfühlsam sein.

Kosten

Die meisten Hundeinteressenten denken bei der finanziellen Belastung oft an den Anschaffungspreis. Dieser ist zwar abhängig vom Züchter, sollte bei seriösen Züchtern des VDH aber bei circa 1 000 Euro liegen. Über die Jahre gesehen ist der Kaufpreis allerdings das kleinste Übel. Neben Fixkosten für Futter, Impfungen, Hundesteuer und Tierhalterhaftpflicht kommen weitere Kosten für Tierarzt sowie Zusatzkosten im Urlaub und für Zubehör dazu. Darüber hinaus kann es passieren, dass Ihr Welpe oder Junghund Ihre Möbel oder Teppiche zerfleddert, und dafür kommt keine Versicherung auf. Sollten Sie den Wunsch haben, mit Ihrem Hund zu züchten, entstehen weitere Kosten wie Meldegebühren für Ausstellungen und Ankörungen – Sie müssen Ihren Hund erst zuchttauglich machen –, Kosten für den Deckrüden, erhöhte Tierarzt- und Futterkosten für die trächtige Hündin und die Welpen sowie Impfkosten. Zusätzliche Ausgaben kommen auf Sie zu, wenn Sie mit Ihrem Hund eine Hundeschule besuchen, an Turnieren oder Ausstellungen teilnehmen möchten oder Ihren Beagle jagdlich ausbilden wollen.

Rüde und Hündin
sollten auf einen Blick
zu unterscheiden sein.

Rüde oder Hündin?

Entscheidend für die Wahl des Geschlechts können verschiedene Dinge sein: Rüden sind größer und schwerer als Hündinnen. Die gewünschte Rückenhöhe liegt zwischen 33 cm und 40 cm. Man kann sich also vorstellen, dass es einen gewissen Unterschied macht, ob man eine 34 cm kleine, zierliche Hündin oder einen 40 cm großen, robusten Rüden an der Leine führt. Hündinnen werden zweimal im Jahr läufig. In dieser circa drei Wochen andauernden Zeit sondert sie einen anfangs recht blutigen, später helleren Scheidenausfluss ab. An ihren Stehtagen ist es möglich, dass Ihre Hündin mit enormer Konsequenz versucht, Ihnen zu entwischen, um zu einem deckfreudigen Rüden zu gelangen. Es ist an Ihnen, an den fruchtbaren Tagen besonders auf Ihre Hündin zu achten, um einen unerwünschten Deckakt zu vermeiden. Erkennen kann man die Stehtage seiner Hündin neben dem erwähnten Ausfluss an dem seitlichen Wegklappen der Rute, womit sie ihre Paarungsbereitschaft signalisiert. Die fruchtbaren Tage einer Hündin liegen meist zwischen dem 9. und 16. Tag nach dem ersten Bluten. Eine Kastration sollte wegen der damit verbundenen Nachteile keineswegs nur wegen der „störenden" Läufigkeit durchgeführt werden. Die Entscheidung, ob Rüde oder Hündin, kann aber auch vom Umfeld abhängig sein. Ein Rüde wird zwar nicht läufig, ist aber dafür das ganze Jahr über bereit, sich einer heißen Hündin hinzugeben. Sollten Sie also hauptsächlich Hündinnen in Ihrer Nachbarschaft haben, kann es unter Umständen anstrengend werden, wenn Ihr Rüde bei jeder Hitze einer Nachbarshündin versucht, zu entwischen, um zu seiner Herzdame zu gelangen. Auch bemitleidenswertes, sehnsüchtiges Wolfsgeheul könnte Sie und Ihre Nachbarn auf Dauer stören.

Wichtig ist auch das Geschlecht Ihres Hundes, wenn Sie eine Unterbringung für den Urlaub oder einen Notfall haben. Auch hier sollten Sie aus eben beschriebenem Grunde beachten, ob in diesem Haushalt Hunde und – wenn ja – Rüden oder Hündinnen leben. Außerhalb der Läufigkeit ist es kein Problem, Rüden und Hündinnen oder aber auch mehrere Rüden im selben Haushalt zu kombinieren, da es sich beim Beagle um einen sehr friedfertigen und verträglichen Hund handelt. Was den Unterschied im Charakter der Geschlechter angeht, so kann ich diesen nicht bestätigen. Oft heißt es, Hündinnen seien leichtführiger und verschmuster als Rüden. In unserem Haushalt haben stets beide Geschlechter nebeneinander und oft auch zwei Rüden gleichzeitig gelebt. Streit gab es äußerst selten und verschmust waren alle gleichermaßen. So ist unser Rüde Tanrek bekannt dafür, dass er Besuchern schon einmal unangemeldet auf den Schoß springt, um seine Streicheleinheiten einzufordern, unabhängig davon, ob diese ihn kennen oder er kurz vorher baden war.

Ob Rüde oder Hündin, Welpe oder Erwachsener, Beagle fressen für ihr Leben gern.

Manchmal entscheidet das Schicksal

Bei allen sinnvollen Überlegungen, die man sich bezüglich des Geschlechtes macht, kann es auch passieren, dass der Zufall einen Strich durch die Rechnung macht. So ist es meinen Eltern beim Kauf unseres ersten Beagles passiert. Nachdem meine Eltern mit einer anderen Hunderasse nicht ganz so viel Glück hatten, haben sie sich damals vorbildlich – so wie Sie jetzt auch – über die Rassemerkmale verschiedener Hunde informiert. Da meine Schwester zu dem Zeitpunkt ein Kleinkind und ich gerade im Anmarsch war, sollte es demnach ein äußerst familienfreundlicher und kinderlieber Hund sein. Die Entscheidung für einen Beagle war schnell gefallen. Damals gab es jedoch noch nicht so viele Beaglezüchter wie heute. Als die Wahl des Züchters getroffen war, hieß es, auf den nächsten Wurf zu warten. Meine Eltern wünschten sich einen dreifarbigen Rüden. Endlich rückte der Wurftermin näher und näher... Und es war ein Wurf mit sieben süßen und fidelen Hündinnen. So ist damals also unsere erste Hündin Dun-

ja zu uns gekommen, mit der wir dann später zaghaft unsere ersten Zuchtversuche starteten. Heute sind wir heilfroh! Wer weiß, ob wir sonst die Passion für das Züchten entwickelt hätten.

Welpe oder erwachsener Hund?

Die meisten Beagleinteressenten wünschen sich einen Welpen. Der Erwerb eines jungen Hundes hat in der Tat auch seine Vorteile. Neben der genetischen Veranlagung, dem Einfluss des Züchters und der Sozialisierung mit den Wurfgeschwistern ist es Ihre Erziehung, die den Charakter und vor allem den Gehorsam Ihres Hundes prägt. Sie können Ihren Hund in einem gewissen Rahmen „formen", so wie Sie es gern möchten. Gehen Sie hierbei sicher, dass Sie zwar mit unumstößlicher Konsequenz aber auch mit genügend Sensibilität und Einfühlungsvermögen vorgehen. Ein älterer Hund wird in seinem Wesen bereits gefestigt sein und möglicherweise Verhaltensweisen aufweisen, die Sie nicht akzeptieren. Eine Umerziehung wird etwas länger dauern als die Erziehung des Welpen. Mit Geduld und Kontinuität wird je-

doch auch dies gelingen. Da es sich beim Beagle um eine anpassungsfähige und kontaktfreudige Rasse handelt, wird es gut funktionieren, ein älteres Tier in ein bestehendes Familiengefüge einzugliedern. Voraussetzung ist, dass der Hund liebevoll aufgenommen wird. Versuchen Sie herauszufinden, woher Ihr Schützling stammt und aus welchen Verhältnissen er kommt. Auch der Grund der Abgabe ist von Interesse. Möglicherweise sind Feingefühl und Einfühlungsgabe gefragt, wenn das Tier aus misslichen Verhältnissen kommt und eventuell schlechte Erfahrungen gemacht hat. Auch oder gerade bei Hunden, die aus dem Tierheim oder einem Versuchslabor stammen, ist das der Fall. Hier dauert es oft länger, bis sich der Beagle in seinem neuen Zuhause eingelebt, die neuen Besitzer akzeptiert und Ängste abgebaut hat. Der Vorteil eines erwachsenen Beagles liegt darin, dass man einen bereits stubenreinen Hund mit meist schon vorhandenem Grundgehorsam erwirbt. Für ältere Menschen, denen ein Junghund zu quirlig ist, kann das eine Option sein.

Körperkontakt fördert das Wohlbefinden und stärkt das Selbstbewusstsein.

Wo man erwachsene Beagle bekommt

Ältere Beagle aus Privatbesitz werden über den BCD (Beagle Club Deutschland) vermittelt. Es ergibt sich jedoch nur vereinzelt, dass Abgabe und Vermittlung eines erwachsenen Tieres mit dem Wunsch eines Käufers zeitlich übereinstimmen. Wie bereits erwähnt, besteht die Möglichkeit, einen Hund aus dem Tierheim oder aus einem Versuchslabor aufzunehmen. Bedenken Sie die große Verantwortung sowie die geforderte Geduld und Sensibilität, die Sie aufbringen müssen, wenn Sie einen eventuell „vorbelasteten" Hund auswählen.

Tipp | Aus zweiter Hand

Sollten Sie in Erwägung ziehen, einen älteren Beagle aufzunehmen, informieren Sie sich vorher eingehend über die Verhältnisse, in denen der Hund gelebt hat, sowie über den Grund der Abgabe. Möglicherweise erfordern eine schlechte Erziehung oder schlechte Erfahrungen, die das Tier gemacht hat, noch mehr Geduld und Fingerspitzengefühl als sowieso schon von Ihnen erwartet wird.

Zwei- oder dreifarbig?

Diese Frage muss man sich nicht unbedingt vor dem Kauf eines Welpen stellen. Denn ähnlich wie bei der Geschlechterfrage kann es auch hier sein, dass einem ein Strich durch die Rechnung gemacht wird und der Wurf etwa nur aus zweifarbigen Tieren besteht. Darüber hinaus bin ich der Überzeugung, dass es nicht die Haarfarbe sein sollte, die Sie zum Kauf, beziehungsweise Nichtkauf eines Beaglewelpen veranlasst. Es ist leider nicht planbar, ob der gewünschte dreifarbige Rüde im

Wurf ist. Aber deshalb noch einmal bis zum nächsten Wurf warten? Glauben Sie mir, auch wenn Sie von Ihren anfänglichen Vorstellungen abweichen müssen – Ihr Beagle wird für Sie immer der Schönste sein! Trotzdem ist es natürlich möglich, dass man Vorlieben hat, weshalb ich die möglichen Färbungen kurz beschreiben möchte:

Dreifarbige Beagle

Dreifarbige oder auch tricoloured Beagle haben schwarzes, braunes und weißes Fell. Die Zeichnung kann ganz unterschiedlich und sehr individuell beschaffen sein, was diese Rasse optisch so attraktiv macht. Am populärsten ist sicherlich der dreifarbige Beagle mit weißer Blesse und schwarzer Decke. Bei vielen Welpen verblasst der schwarze Rücken jedoch mit zunehmendem Alter, da sich die braune Färbung erst später ausprägt. Dreifarbige Welpen kommen fast ausschließlich schwarz-weiß auf die Welt. Sehr interessant sehen dreifarbige Beagle mit aufgerissener Decke aus. Hier sind schwarz-braune Platten unregelmäßig auf weißem Grund verteilt. Auch sogenannte „faded tris", also dreifarbige Hunde mit wenig schwarzen Haaren im Braunbereich sind sehr attraktiv. Laut Rassestandard müssen dreifarbige Beagle einen schwarzen Nasenschwamm haben, bei helleren Farbschlägen darf dieser auch dunkelgrau oder -braun sein.

Zweifarbige Beagle

Zweifarbige Hunde haben ausschließlich weißes und braunes Fell, wobei Letzteres unterschiedlich in der Färbung sein kann. Das Braun kann von tiefem Kupferrot (red and white) über helles Braun (tan and white) bis hin zum Zitronengelb (lemon and white)

variieren. Der Nasenspiegel zweifarbiger Beagle ist meist nicht – wie bei dreifarbigen Hunden – schwarz pigmentiert, sondern bleibt in einem Mittel- bis Dunkelbraun. Auch bei zweifarbigen Welpen bildet sich die braune Färbung erst im Laufe der Zeit aus, weshalb sie fast weiß geboren werden.

Gesprenkelt und meliert

Weit seltener sind die Farbschläge gesprenkelt („mottle") oder meliert („pied"). Ersteres gibt es als zwei- und dreifarbige Färbung, etwa als „Orange Mottle" oder „Blue Mottle". Diese Farbgebung tritt jedoch nur auf, wenn zumindest ein Elternteil selbst „Mottle" ist. Der melierte Farbton wird durch zweifarbige Haare, etwa braune Haare mit schwarzer Spitze, beziehungsweise weiße Haare mit cremefarbener Spitze, die zwischen den einfarbigen Haaren wachsen, erreicht. Dieser Farbschlag kann in „hare-pied", also hasenfarben, „badger-pied", dachsfarben, oder auch „lemon-pied", zitronenfarben, unterteilt werden. Bei der so genannten „blue, fawn and white"- Färbung ist der schwarze Bereich aufgehellt und von blaugrauer Farbe. Diese Hunde haben oftmals eine schiefergraue Nase, teilweise ein etwas helles Auge und der Braunton ist meistens recht hell (falb).

Beagle gibt es in verschiedenen Farbschlägen – attraktiv sind sie alle.

Bei Züchtern mit mehreren Beagles und auf Ausstellungen können Sie sich verschiedene Farbschläge ansehen.

Nicht für die Zucht zugelassene Farbgebungen

Für die Zucht sind all diese Färbungen zugelassen. Die einzige zuchtausschließende Farbgebung ist das „liver, tan and white". Mit dem Leberbraun geht immer eine sehr helle, bernsteinfarbene Augenfarbe einher, die den geforderten sanften Ausdruck der Rasse nicht aufkommen lässt.

Verlangt wird laut Rassestandard neben der beagletypischen Fellfärbung auch eine weiße Rutenspitze. Dies nicht aus Gründen der Attraktivität, sondern weil der Jagdhund Beagle, wenn er mit tiefer Nase arbeitet, am besten an der aufrecht getragenen Rutenspitze im Feld zu erkennen ist.

Noch Zweifel?

Konnten Sie alle Fragen positiv beantworten? Wenn keine Zweifel bestehen, dass der Beagle die richtige Rasse für Sie ist, und Sie bereit sind, die nötigen Änderungen, die die Aufnahme eines Beagles mit sich bringt, vorzunehmen, sind Sie einen großen Schritt weiter. Ich frage noch ein letztes Mal so eindringlich, da Sie sich Ihrer Verantwortung bewusst sein müssen, wenn Sie solch ein Lebewesen zu sich nehmen möchten. Es gibt nun einmal den klugen und auch so wahren Spruch „A dog is for life, not just for Christmas" nicht umsonst. Für einen kleinen Welpen ist es schrecklich, wenn er sich erst einmal in ein Familiengefüge eingelebt und seine neue Meute lieben gelernt hat, dann aber aus Gründen, die vorher hätten abgeklärt werden müssen, zurück zum Züchter kommt oder weiterverkauft wird. Eine Tragödie ist es, wenn verzweifelte und überforderte Hundebesitzer schließlich auf die Idee kommen, ihren Hund in ein Tierheim zu geben oder gar auszusetzen.

Die Wahl des Züchters

Der Kauf eines Beaglewelpen sollte unbedingt bei einem anerkannten Züchter aus dem Verband des deutschen Hundewesens (VDH) erfolgen. Der VDH ist der nationale Dachverband vieler seriöser Hundevereine und der Fédération Cynologique Internationale (FCI), der Weltorganisation der Kynologie, angeschlossen. Innerhalb des VDH gibt es nur den Beagle Club Deutschland (BCD) als anerkannten Zuchtverein für die Rasse Beagle in Deutschland. In der Schweiz und in Österreich sind dies der Beagle Club Schweiz (BCS) und der Austrian Beagle Club (ABC).

Vor der Wahl des Züchters lässt man sich am besten die Züchter- und Welpenliste von der Welpenvermittlung des Vereins zukommen. Hier sehen Sie, welche seriösen Züchter es in Ihrer Nähe gibt und welcher gerade einen Wurf hat. Setzen Sie sich anschließend mit dem Züchter aus Ihrer Region in Verbindung und vereinbaren Sie einen Termin. Dies können Sie gern auch schon vor Geburt der Welpen tun, da so einerseits der Züchter die Gelegenheit bekommt, Sie kennenzulernen, und Sie sich andererseits ein Bild über die Haltungsbedingungen, das Wesen und den Gesundheitszustand der beim Züchter lebenden Hunde machen können.

Fragen an den Züchter

Die Welpen sollten gesund, wesensfest und friedfertig sein. Zeigt ein Welpe oder seine Mutter Zeichen von Aggression oder übertrieben ängstliches Verhalten, sehen Sie besser von einem Kauf ab. Alle beim Züchter lebenden Beagle müssen kontaktfreudig und aufgeschlossen sein. Beobachten Sie, wie das Verhältnis der Welpen und auch der erwachsenen Hunde zum Züchter ist.

Bekommen alle genügend Zuneigung und machen einen gepflegten Eindruck? Sind auch Hunde außerhalb des zuchtfähigen Alters im Haushalt und sind liebevoll in das Familiengefüge integriert? Oder besteht die Meute nur aus zuchtfähigen Hündinnen? Wenn ja, fragen Sie, warum! Erscheinen alle Tiere gesund, gut ernährt und mit glänzendem Fell? Achten Sie darauf, wie die Tiere untergebracht sind. Liegeplätze, Garten, Welpenauslauf und Hundenäpfe müssen hygienisch sauber sein. Und wie ist der Pflegezustand der Mutterhündin? Je mehr solcher kritischen Fragen Sie sich stellen, desto besser! Äußern Sie Ihre Fragen auch, behalten Sie sie nicht für sich. Erkundigen Sie sich nach den Zuchtzielen des Züchters, den Zuchterfolgen, der Nachzucht und den praktischen Erfahrungen, nach etwaigen Krankheiten in der Zuchtlinie, nach dem Zuchtrüden und darüber, ob es diese Verpaarung bereits schon einmal gab.

Erzählen Sie von sich

Bei all Ihren Fragen muss es Ihnen auch recht sein, dass Ihnen das Gleiche widerfährt. Ein Züchter, der sich nicht nach Ihren Vorkenntnissen, Ihren erzieherischen Fähigkeiten, Ihrem Umfeld und Ihrem zeitlichen Budget erkundigt, ist mit Vorsicht zu genießen. Einem verantwortungsvollen Züchter wird es nicht gleichgültig sein, in welche Hände er seine Schützlinge gibt, da ihm viel an deren Wohlbefinden liegt. Aus diesem Grund wird ein seriöser Züchter auch immer an einem Kontakt nach der Welpenabgabe interessiert sein und beratend zur Seite stehen. Stellen Sie sich also auf eine intensive Befragung während Ihres Beratungsgespräches und eine andauernde Beziehung zu Ihrem Züchter ein.

Unseriöse Züchter

Von einem Kauf aus reiner Zwingerhaltung sollte grundsätzlich abgesehen werden. Beobachten Sie dies oder andere Mängel in der Haltung und Versorgung der Tiere, nehmen Sie unbedingt Abstand von diesem Züchter. Hier wird meist nicht gewährleistet sein, dass Ihr zukünftiges Familienmitglied ausreichend sozialisiert ist. Schlechte Prägung bei einem unseriösen Züchter kann bedeuten, dass die Hunde keinen artgerechten Kontakt zu ihresgleichen erhalten. Folglich kann keine Soziali-

viel zu tun haben möchte. Wird der Beagle beim Züchter nicht an ungewöhnliche Gegenstände und unübliche Geräusche gewöhnt, kann es sein, dass man Schwierigkeiten bekommt, den Hund etwa an Straßenlärm zu gewöhnen. Der Welpe muss von klein auf wissen, dass ein komischer Gegenstand wie zum Beispiel ein Regenschirm oder ein lautes Geräusch nicht gleich große Gefahr bedeuten. Andernfalls können sich Ängstlichkeit oder auch Aggressionen entwickeln. Alles in allem kann man sagen: Sozialisierung und Prä-

sierung mit der eigenen Spezies erfolgen. Ihr Hund könnte sich zu einem kontaktscheuen, ungeselligen Zeitgenossen entwickeln bis hin zu gezeigten Aggressionen gegenüber anderen Hunden. Macht der Welpe während seiner Zeit beim Züchter schlechte Erfahrungen mit Menschen, findet keine gute Prägung statt. Dies kann beim Leben in einem Familienverband zu schwerwiegenden Komplikationen führen. Gerade wenn Kinder in der Familie sind, die manchmal den Gemütszustand des Hundes nicht richtig einschätzen können und etwaige Anzeichen von Drohgebärden übersehen, kann es zu einem gehörigen Schrecken kommen, wenn der Hund durch Abschnappen deutlich macht, dass er mit dem Menschen nicht

gung im Welpenalter sind von größter Wichtigkeit und Voraussetzung dafür, dass Sie keinen verhaltensgestörten Hund erwerben.

Hände weg von Hundehändlern

Aus diesen Gründen muss ich Ihnen auch nachdrücklich vom Kauf eines Welpen bei sogenannten Hundehändlern abraten. Der Beagle hat in den letzten Jahren an Beliebtheit und Bekanntheit gewonnen, was einerseits sehr schön ist, andererseits aber auch den Nachteil hat, dass die Nachfrage gestiegen ist. Hundehändler wollen hiervon profitieren und durch die Vermarktung dieser Hunderasse einen schnellen Euro verdienen. Die Tiere werden unter schlechten Bedingungen „produziert" und es findet keine Zuchtauswahl statt. Es kommt zu Inzestverpaarungen und Hündinnen werden bei jeder Gelegenheit wieder belegt (die Zuchtordnung des BCD schreibt vor, eine Hündin nur bei jeder zweiten Hitze zu belegen, und erlaubt lediglich einen Wurf im Jahr). Zum Teil werden die Welpen auch im Ausland eingekauft. All diese Tiere müssen unter schlimmsten Bedingungen leben und eine Sozialisierung findet nicht statt. Ein verhaltensgestörter Hund, der Ihnen viele Probleme bereiten wird, ist fast vorprogrammiert.

unbedingt gewährleistet. Hierdurch kann es leicht zu Allergien, chronischen Krankheiten und Organschäden kommen, was Ihre Tierarztkosten in immense Höhen treiben kann und sich so das anfänglich gesparte Geld als Kostenfalle entpuppt.

Seien Sie kritisch

Das Erkennen eines solchen Hundehändlers fällt manchmal schwer, da sie versuchen, ein seriöses Image zu vermitteln. Verlassen Sie sich nicht nur auf Ihr Bauchgefühl, schauen Sie genau

Nur ein gut sozialisierter und geprägter Welpe wird sich zu einem selbstbewussten, freundlichen Familienmitglied entwickeln.

Oftmals haben diese Hunde auch keine oder gefälschte Papiere, was dazu führt, dass der Kaufpreis niedriger ist. Lassen Sie sich dennoch nicht verführen! Auch wenn Sie mit Ihrem Beagle nicht züchten wollen und keinen Wert auf eine Ahnentafel legen, sollte Ihr tierschützerischer Verstand gegen die Unterstützung des Hundehandels sein. Darüber hinaus ist der anfängliche Preisvorteil oft schnell verflogen, denn Hunde aus solchen Zuchtbedingungen wurden meist nicht nur unzulänglich sozialisiert, sondern auch unzureichend verpflegt. Die ausreichende Versorgung mit Muttermilch und den darin enthaltenen Antikörpern, eine anschließend adäquate Ernährung, notwendige Impfungen sowie Wurmkuren sind nicht

hin, beherzigen Sie alle oben angegebenen Tipps, stellen Sie Fragen (und beachten Sie, ob Ihnen welche gestellt werden) und berücksichtigen Sie die Papiere. Ob der von Ihnen ausgewählte Züchter Mitglied im BCD/VDH ist, erkennen Sie daran, dass auf den Ahnentafeln der Elterntiere und Ihres Welpen auf diese Mitgliedschaft hingewiesen wird. Adressen anerkannter Beaglezüchter erhalten Sie am besten direkt über den VDH oder BCD (www.beagle-club.de). Aber auch im Internet oder in den gelben Seiten kann man Züchter finden. Falls Sie vorhaben, vor dem Kauf eines Welpen eine Hundeausstellung oder Heimtiermesse zu besuchen, lassen sich auch hier Kontakte zu Züchtern knüpfen.

Anforderungen an

Züchterkontrolle

Ein Züchter des BCD muss vor der Aufnahme der züchterischen Tätigkeit einige Kontrollen über sich ergehen lassen und wird dies auch guten Gewissens tun. Voraussetzung ist eine mindestens einein-halbjährige Mitgliedschaft, ein vom VDH und der FCI geschützter Zwingername, das Bestehen der Züchterprüfung sowie eine Zwinger-erstabnahme durch einen ausgebildeten Vereinszuchtwart, bei der sowohl der Auslauf als auch die Räumlichkeiten, die der Mutterhündin und den Welpen zur Verfügung stehen, kontrolliert werden.

Nur topfitte Hunde

Bevor ein Hund zur Zucht zugelassen wird, werden seine Hüften geröntgt und die Aufnahme von einem unabhängigen Gutachter im Hinblick auf den Hüftgelenksdysplasie-Status (HD-Status) ausgewertet. Gefordert wird zudem eine Ausstellungsbewertung mit mindestens „Sehr Gut", bevor der Hund unter den kritischen Augen von zwei Körrichtern eine Ankörung durchläuft, bei der Anatomie und Gangwerk überprüft und ein Wesenstest bestanden werden muss.

Wurfabnahme

Sind die Punkte Zuchtgenehmigung und Zuchtvoraussetzung erfüllt, hört die Kontrolle des Züchters aber noch längst nicht auf. Bei jedem einzelnen Wurf sucht der zuständige Zuchtwart den Züchter auf und prüft im Rahmen der Wurfabnahme erneut, ob die Haltungsbedingungen angemessen sind. Darüber hinaus beurteilt er den Zustand der Mutterhündin sowie der Welpen und kontrolliert die Impfpässe, da nur Welpen mit einer kompletten Schutzimpfung abgegeben werden dürfen. Selbstverständlich wird auch an den Schutz der Mutterhündin gedacht. So darf diese nur einmal pro Kalenderjahr werfen und nicht älter als acht Jahre sein.

Züchter und Zuchthunde

Auszeit

Nach einem Wurf von acht oder mehr Welpen steht ihr eine Pause von mindestens zwölf Monaten zu, und nach sechs Würfen ist ihre Karriere als Zuchthündin spätestens beendet. Nur ein seriöser und verantwortungsbewusster Züchter wird all diese Kontrollen erfolgreich absolvieren und darauf achten, dass die Nachzucht nicht nur äußerlich, sondern auch im Wesen dem Rassestandard entspricht.

Der passende Welpe

Ist ein Wurf bei dem Züchter Ihrer Wahl gefallen, wird dieser Sie darüber informieren und Sie davon in Kenntnis setzen, wann Sie das erste Mal vorbeikommen dürfen und wann eine Abgabe der Welpen guten Gewissens erfolgen kann. Bei der Auswahl Ihres neuen Familienmitgliedes wird er Sie gegebenenfalls etwas bremsen. Nicht jeder Welpeninteressent kann den gleichen Hund erhalten, und der Züchter wird darauf achten, ob ambitionierte Käufer mit dem Wunsch nach Ausstellungsarbeit und Zucht unter ihnen sind.

Beratung bei der Auswahl

Es ist nachvollziehbar, dass er versuchen wird, den züchterisch vielversprechendsten Hund an diesen Käufer abzugeben. Der Züchter wird Sie aber auch bei der Auswahl beraten, um den am besten zu Ihnen passenden Welpen zu finden, denn nicht alle sind vom Temperament gleich.

Der Kauf von Zubehör sollte mit dem Züchter abgesprochen werden.

Grundausstattung für den Kleinen

Das Halsband

Bevor der Hund seine neue Heimat kennenlernt, sollten Sie noch ein paar Vorbereitungen treffen und das Zubehör organisieren. Hierzu zählen unter anderem Halsband und Leine. Für einen acht Wochen alten Welpen ist ein weiches Lederhalsband von circa 28 – 30 cm Länge zu empfehlen. Bedenken Sie, dass sich Ihr kleiner Schützling erst an das Tragen des kratzigen Halsschmuckes gewöhnen muss.

Tipp | Halsbandgewöhnung

Es ist sinnvoll, das erste Halsband bereits beim Züchter abzugeben, damit die Gewöhnung frühzeitig geschieht. Im Spiel mit den Geschwistern wird das Jucken und Kratzen schneller vergessen. Allerdings ist es möglich, dass das Halsband ein wenig leidet. Da der Welpe jedoch schnell herausgewachsen sein wird, sollte dies nicht allzu schlimm sein.

Die Leine

Als Leine eignet sich eine in der Länge verstellbare, nicht zu breite Lederleine. Achten Sie darauf, dass der Karabiner nicht zu schwer für Ihren Welpen ist. Rollleinen sind für Welpen und das Erlernen der Leinenführigkeit nicht sinnvoll. Für einen erwachsenen Hund können sie jedoch eine gute Alternative darstellen, wenn er in fremden Gegenden einmal nicht abgeleint werden darf. Ebenfalls empfehlenswert für einen ausgewachsenen Hund ist ein Geschirr anstelle eines Halsbandes, da hier der Zug der Leine nicht auf die druckempfindliche Kehle und die Halswirbelsäule übertragen wird. Die Leine sitzt hier sicher am Rücken, hängt nicht nach unten und der Hund kann im Eifer des Gefechtes nicht herausschlüpfen. Weitere Leinen benötigt man zum Beispiel für das Ausstellungswesen (eine sogenannte Vorführleine) oder die ersten Geländegänge und Jagdversuche (hier ist eine Schleppleine sinnvoll).

Geeignetes Spielzeug

Des Weiteren brauchen Sie Spielzeug, Futter und Näpfe. Das Spielzeug sollte unbedingt hunde- und vor allem welpenfreundlich sein. Ihr kleiner Racker wird Kunststoffprodukte mit seinen spitzen Milchzähnen sekundenschnell zerlegt haben und er kann dabei kleine Stücke verschlucken. Noch fataler ist es, wenn die Plastiktierchen Glocken oder Quietschestimmen enthalten, die ebenfalls verschluckt werden können.

Gut geeignet sind harte Nylonknochen, dicke Tauseile und Textilprodukte ohne Füllungen. Sie können auch Spielzeug selbst herstellen, indem Sie einen alten Tennisball in einen Baumwollsocken stecken und das Ganze oben verknoten. Hiermit lässt sich herrlich apportieren und Tauziehen spielen. Ziehen Sie nur nicht zu stark, denn Sie müssen berücksichtigen, dass Ihr Hund nicht – wie Sie – mit der Pfote, sondern mit seinem Gebiss zieht. Weitere hervorragende Spielzeuge sind verknotete Baumwolltücher, Papp- und Eierkartons sowie Büffelhautknochen und Kauhufe.

Futter und Näpfe

Welches Futter für Ihren Welpen förderlich und bekömmlich ist, dürfte für Sie keine Frage sein, da Sie von Ihrem Züchter einen Futterplan erhalten haben sollten. Ist dies nicht geschehen, fordern Sie diesen – wenn möglich – an, oder halten Sie sich an das folgende Kapitel „Gesunde Ernährung". Es ist aber grundsätzlich von Vorteil, einen abrupten Futterwechsel zu vermeiden.

Info   Kein Stachelhalsband

Auf keinen Fall sollten Sie über den Kauf eines Stachel- oder Zughalsbandes nachdenken. Wie bereits erwähnt drückt bereits ein normales Halsband bei starkem Leinenzug auf die empfindliche Hundekehle. Legen Sie Ihrem Beagle ein Halsband an, das bei jedem kleinsten Zug Schmerzen an dieser empfindlichen Stelle bereitet, werden Sie das Vertrauen Ihres Lieblings schnell verspielt haben.

Sie benötigen zwei Näpfe – den Futter- und den Wassernapf. Als Wassernapf empfiehlt sich ein schwerer Keramiknapf, der nicht beim Trinken in der Gegend herumgeschoben werden kann und somit die Wohnung unter Wasser setzt. Als Futternapf eignet sich am besten ein konischer Edelstahlnapf. Durch seine Form hängen die langen Beagleohren nicht ins Futter und das Material ist leicht zu reinigen.

Eine in der Länge verstellbare Leine ist für Spaziergänge gut geeignet.

Der Schlafplatz des Welpen

Ihr Welpe braucht natürlich auch einen gemütlichen Schlafplatz. Sie sollten sich zuerst überlegen, wo der Welpe schlafen soll. Möchten Sie ihn im Schlafzimmer, gar im Bett oder auf gar keinen Fall dort haben? Seien Sie von Anfang an konsequent und ändern Sie nicht plötzlich Ihre Meinung, wenn Ihr kleiner Welpe herzzerreißend jammern sollte. Wenn Sie ihn nach einiger Zeit wieder aus dem Schlafzimmer verbannen, weil er „groß genug" ist, wird er es nicht verstehen. Bedenken Sie auch, dass gerade am Anfang auch mal ein Malheur passieren kann. Ein gefliester Bereich, ausgestattet mit einer Plastikwanne, Holzkiste oder einer Hundebox, wäre ideal.

Eine Hundebox bietet nicht nur im Auto eine sichere Unterkunft, im Notfall rettet sie auch Blumen.

Vorteile einer Hundebox

Die Box ist nicht nur für Autofahrten praktisch, auch im Haus wird sie Ihrem Beagle als eine geschätzte Schutzhöhle und Ruhestätte dienen. Bei kurzzeitigen Erledigungen können Sie Ihren Welpen in die Box schicken und sicher sein, dass bei Ihrer Rückkehr all Ihre Schuhe und Ihr Mobiliar unversehrt sind. Wichtig ist, dass die Box nicht als langfristige Unterbringung dient und nicht als Strafe empfunden wird. Legen Sie Ihrem Hund deshalb einen Kauknochen oder ein Spielzeug in die Box und er wird diesen Ort positiv verknüpfen und ihn ohne murren betreten.

Kuschelige Unterlagen

Als kuschelige und zudem saugfähige Unterlage leisten waschmaschinenfeste Polyesterfelle (Vet-Beds), die man auf Ausstellungen oder im sanitären Fachhandel als Anti-Dekubitus-Unterlagen erwerben kann, gute Dienste.

Angenagt

Als Schlafplatz völlig ungeeignet sind Schaumstoffbetten und Weidenkörbe. Genau wie beim ungeeigneten Spielzeug wird der Welpe diese in kürzester Zeit angenagt haben, und es ergeben sich auch hier Gefahren durch das Herunterschlucken spitzer Teile oder durch spitz hervorstehende Weiderzweige.

Bürste und Handschuh

Zuletzt sollten Sie noch eine Bürste beziehungsweise einen Noppenhandschuh zur Fellpflege, eine Hundepfeife für die Erziehung und einen Zeckerhaken, eine Zeckenkarte oder eine Zeckenzange zur Beseitigung lästiger Plagegeister erwerben.

Sicheres und hundefreundliches Zuhause

Alle Besorgungen sind erledigt? Dann geht es jetzt an die häusliche Vorbereitung. Wenn Sie den Schlafplatz eingerichtet haben, ist es wichtig, dass Sie Ihr Haus und Ihren Garten welpengerecht gestalten. Achten Sie auf Treppenstufen, die für den kleinen Burschen noch zu hoch und somit gefährlich für seine Schultergelenke sein können. Gibt es Zimmer, die der Hund nicht betreten soll? Bei ganzen hundefreien Etagen eignet sich ein Treppengitter, das Ihren Neuzugang daran hindert, in die entsprechenden

Etagen zu gelangen. Ist der Garten wirklich ausbruchsicher und stellt für den neugierigen Beagle keine Gefahr dar? Ein Gartenteich sollte anfangs möglichst eingezäunt werden, wenn man seinen Hund im Garten nicht rund um die Uhr beobachten kann. Gibt es Ihrerseits Gegenstände im Haushalt, die unbedingt schützenswert sind? Falls ja, entfernen Sie diese besser in der ersten Zeit. Darüber hinaus verstecken Sie unbedingt sämtliche elektrischen Kabel, damit Ihr Welpe sie nicht anknabbern kann. Auch giftige Pflanzen sollten aus Haus und Garten entfernt werden. Erinnern Sie sich an den Tipp, den ich Ihnen anfangs gab, wodurch Sie besser einschätzen können, ob eine Situation für Ihren Hund Stress bedeutet oder nicht? Genau – begeben Sie sich auf die Knie um festzustellen, wie die Lage aus dieser Perspektive aussieht. Dies ist auch hier sehr sinnvoll. Vielleicht entdecken Sie auf allen vieren noch das eine Kabel oder den anderen schützenswerten Gegenstand.

Auf ins neue Zuhause

Was Ihnen der Züchter mitgibt

Bei einem Ihrer letzten Besuche sollten Sie neben dem Halsband auch eine Decke beim Züchter lassen, die Sie wieder mitnehmen, wenn Sie Ihren Welpen abholen. Dadurch nehmen Sie den Geruch der Mutter und der Geschwister mit nach Hause und Ihr kleiner Neuling fühlt sich in der ungewohnten Umgebung etwas weniger allein. Zusammen mit Ihrem Welpen händigt der Züchter Ihnen alle notwendigen Papiere wie Kaufvertrag, Ahnentafel, Impfpass sowie den Wurfabnahmebericht und den Futterplan aus.

Die beste Zeit zum Abholen

Holen Sie Ihren Welpen möglichst am Vormittag ab, damit ihm noch der ganze Tag zum Eingewöhnen und Erkunden bleibt. Nehmen Sie sich an diesem und in den nächsten paar Tagen nichts vor. Ihr Welpe steht jetzt an erster Stelle! Zudem ist es sinnvoll, ihn morgens zu holen, damit die erste Mahlzeit bei Ihnen erfolgen kann und das neue Heim gleich positiv erlebt wird. Direkt vor der Fahrt sollte der Welpe nichts fressen. Trotz leerem Bauch kann es passieren, dass der Welpe sich aufgrund der Aufregung und ungewohnten Situation entleeren muss. Nehmen Sie also einen Stapel Hand- und Papiertücher mit, um gewappnet zu sein. Es empfiehlt sich, eine zweite Person mitzunehmen, damit sich einer auf den Verkehr, der andere auf den Hund konzentrieren kann, der erstmals ohne Geschwister und Züchter reist.

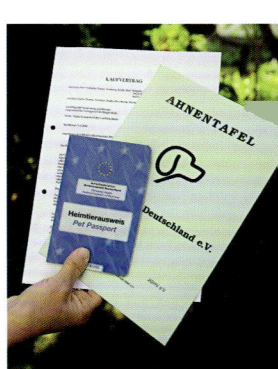

Zum Welpen gehören Wurfabnahmebericht, Ahnentafel und EU-Gesundheitspass.

> **Tipp | Mach mal Pause**
>
> Bei längerer Fahrt sollten Sie Pausen einplanen, in denen sich Ihr Schützling lösen kann. Bieten Sie ihm hier auch etwas Wasser zum Trinken an.

Zu Hause angekommen

Zu Hause angekommen, erkunden Sie gemeinsam mit Ihrem Welpen sein neues Reich. Gehen Sie zuerst in den Garten, um ihm die Möglichkeit zu geben, sich zu lösen. Danach sollte er genügend Zeit bekommen, um das Haus auszukundschaften. Hat er den ersten Rundgang erledigt, bekommt er seine erste Mahlzeit. Vertrösten Sie alle neugierigen Verwandten und Bekannten, die Ihr süßes Hundekind willkommen heißen möchten, auf ein andermal, und stellen Sie sicher, dass alle anderen Personen im Haus den Welpen nicht überfordern und ihm zwar ihre Zuneigung schenken, aber auch seine Ruhe lassen. Der Welpe sollte nicht zu häufig hochgenommen und wieder abgesetzt werden. Neben dem hiermit verbundenen Stress kann dies auch eine Belastung für seine Gelenke bedeuten. Setzen Sie sich zum Spielen zu ihm auf den Boden.

Der erste Spaziergang

Beim ersten Mal sollten Sie am besten zu zweit spazieren gehen. Die Begleitperson geht etwas voraus und kann den verunsicherten Welpen locken und motivieren, die fremde Umgebung zu erkunden. Bestechungsversuche mit Leckerlis sind unbedingt erlaubt. Das Halsband sollte so angelegt sein, dass es den Welpen nicht würgt, er sich aber auch nicht herauswinden kann, wenn er nach hinten ziehen sollte.

Einsame Nächte

Die ersten Nächte werden sowohl hart für Sie als auch Ihren kleinen Beagle. Er wird sich einsam und verlassen fühlen und die Wärme seiner Mutter und Wurfgeschwister vermissen. Legen Sie ihm die Decke, an der der Geruch der Heimat haftet, auf seinen Schlafplatz.

Es wird ihm helfen, sich nicht allzu allein zu fühlen. Jammern wird er mit großer Wahrscheinlichkeit trotzdem. Bleiben Sie ruhig und überlegen Sie sich Ihre Reaktion sorgfältig. Bleibt man hart und wartet ab, bis er eingeschlafen ist, oder steht man auf, um den Kleinen zu trösten? Entscheidet man sich für Letzteres, muss einem klar sein, dass ein Hund schnell lernt, wenn ein Verhalten von Erfolg gekrönt ist, und er es wahrscheinlich immer wieder einsetzen wird.

So wird Ihr Welpe stubenrein

Ab wann ein Hund stubenrein wird, ist individuell unterschiedlich und hängt stark von Ihrer Aufmerksamkeit und Ihrem Reaktionsvermögen ab. Zeitpunkte, wo sich der Welpe mit großer Sicherheit lösen muss, sind unmittelbar nach dem Fressen, direkt nach dem Aufwachen und auch nach einer längeren Spielphase. Aber auch wenn Ihr Welpe mit der Nase am Boden suchend durch die Wohnung läuft, lohnt sich eine schnelle Reaktion. Grundsätzlich sollte man seinem Welpen neben den etwas längeren Spaziergängen alle zwei Stunden die Möglichkeit geben, sich zu lösen. Nehmen Sie ihn hoch und tragen Sie ihn an einen definierten Ort, wo er sein Geschäft verrichten soll. Verknüpfen Sie sein Verhalten und diesen Ort mit einem aufmunternden Kommando und überschwänglichem Lob, sobald die Aufforderung „ausgeführt" wurde. Geben Sie dem Hund dabei genügend Zeit.

Auch nachts raus?

Bis der Hund auch die ganze Nacht durchhält, wird es etwas länger dauern. Gehen Sie direkt vor dem Schlafen-

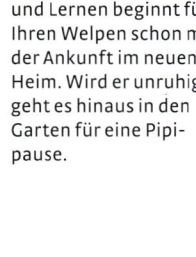

Gemeinsames Erkunden und Lernen beginnt für Ihren Welpen schon mit der Ankunft im neuen Heim. Wird er unruhig, geht es hinaus in den Garten für eine Pipi-pause.

gehen nochmals mit ihm raus, und morgens nach dem Aufstehen sollten Sie auch als Allererstes mit ihm in den Garten. Denn kümmert man sich erst um seine eigene Morgentoilette, wird es der Welpe einem gleichtun. Wenn Sie Ihren Hund nachts an der Tür kratzen hören, sollten Sie selbstverständlich reagieren und ihn in den Garten lassen beziehungsweise kurz mit ihm vor die Tür gehen. Achten Sie jedoch darauf, dass die nächtlichen Ausflüge nicht zur Regel werden, und fangen Sie bloß nicht an, mit ihm zu spielen. Hunde lernen schnell, wenn bestimmte Verhaltensweisen zum Erfolg führen, und wer möchte schon jahrelang jede Nacht aufstehen, um mit seinem Hund herumzualbern?

Kommentarlos beseitigen

Passiert Ihrem Beagle doch mal ein Malheur, schimpfen Sie nur, wenn Sie ihn direkt bei seiner „Missetat" erwischen. Eine morgens entdeckte Pfütze, die über Nacht entstanden ist, wird der Hund nicht mehr mit einer Stunden später erfolgenden Strafe verknüpfen können. Er wird nicht verstehen, warum Ihre morgendliche Begrüßung so unfreundlich ausfällt. Hier können Sie das Malheur nur kommentarlos beseitigen und müssen beim nächsten Mal noch besser auf seine Anzeichen achten.

Grundsätzlich gilt: Frühe Stubenreinheit kann am besten durch aufmerksames Handeln Ihrerseits erreicht werden. Geben Sie Ihrem Hund so wenige Gelegenheiten wie möglich, sich im Haus zu lösen. Ihr Hund wird schnell verstehen, worum es Ihnen geht und wofür er gelobt wird. Bei solch einer konsequenten Erziehung bestehen gute Chancen, dass Ihr Beagle Ihnen mitteilen wird, wenn er sich lösen muss.

Vom Welpen zum Hund

Die ersten vier Lebenswochen

Entwicklung der Welpen

Die ersten Wochen im Leben eines Hundes sind sehr aufregend. Zu Beginn geben die Kleinen nur leise Fiep- und Murrgeräusche von sich. Doch schon nach ca. 14 Tagen öffnen sich die Augen und die Welpen reagieren auf Geräusche.

Aufgaben des Züchters

In dieser Zeit ist vor allem die Versorgung der Mutterhündin sehr wichtig. Der Züchter muss darauf achten, dass sie genug Milch hat, dass es zu keinen Gesäugeentzündungen kommt und dass die Wurfkiste immer sauber und trocken ist. Die Welpen werden regelmäßig gewogen und dabei in die Hand genommen und gestreichelt. Somit gewöhnen Sie sich an den Menschen.

Von der 5. bis zur 8. Woche

Entwicklung der Welpen

Die Welpen werden immer munterer und entdecken ihre Umgebung. Über Spiel mit den Geschwistern und der Mutter wird gelernt. Dabei werden Elemente aus dem Aggressions- und Angstverhalten gezeigt.

Aufgaben des Züchters

Der Züchter sollte den Welpen zunehmend Erfahrung mit der belebten und unbelebten Umwelt bieten. Unterschiedliche Menschen, Fahrten ins Grüne, Kontakt mit anderen Tieren, usw. bereiten den Welpen auf das Abenteuer „Leben" vor.

Von der 9. bis zur 24. Woche

Entwicklung des Welpen

Der Welpe nimmt Abschied von seiner Hundefamilie und lernt seine neuen Menschen kennen. Nun kommt die Zeit für ihn, in der er alles lernt, was er für sein späteres Leben in dieser Familie braucht. Er ist aufgeschlossen allem Neuen gegenüber und sehr lernbereit.

Aufgaben des Besitzers

Das wichtigste in dieser Zeit ist der Aufbau von Vertrauen. Gemeinsam erkundet man die Welt, entdeckt Neues und unterstützt den Welpen in schwierigen Situationen. Zudem bringt man dem kleinen Kerl gutes Benehmen und das kleine Einmaleins der Erziehung bei.

Pubertät mit ca. 9 Monaten

Kleine Rowdys

Klein und süß ist der Welpe nun nicht mehr, sondern ein schlaksiger Halbstarker, der gern mal seine Grenzen austestet. Der Hormonhaushalt verändert sich und die Geschlechtsreife setzt ein.

Aufgaben des Besitzers

Kein Grund zur Panik. Ihr Beagle hat nicht alles vergessen, was er bisher gelernt hat. Auch wenn es häufig danach aussieht. Haben Sie viel Geduld und bleiben Sie konsequent. Bestehen Sie auf der Ausführung Ihrer Signale, auch wenn es jetzt etwas länger dauert. Sie werden sehen, diese Phase geht vorüber.

Erwachsenenstatus ab 3 Jahre

Echte Persönlichkeiten

Der Beagle hat viele Erfahrungen gemacht, auf denen er nun sein Leben aufbaut. Er ist ein Individuum mit Ecken und Kanten, die nur noch schwer geschliffen werden können.

Gemeinsam durchs Leben

Haben Sie Ihrem Beagle in der Welpen- und Junghundzeit viel gezeigt und beigebracht, können Sie nun die Lorbeeren dafür ernten. Sie haben einen Partner, der Ihnen vertraut und mit Ihnen gemeinsam sicher durchs Leben geht.

Senior ab ca. 10 Jahren

Graue Schnauzen

Kommt der Beagle in die Jahre, lässt die körperliche Leistungsfähigkeit nach. Er wird sich schwerfälliger erheben, viel schlafen und meist lässt auch sein Gehör immer mehr nach. Es kann sein, Sie kommen vom Einkaufen zurück und Ihr Beagle liegt in seinem Korb und schläft seelenruhig weiter. Bemerkt er Sie dann, ist es ihm fast peinlich. Das wäre ihm früher nie passiert.

Rücksichtnahme und Verständnis

Die Wege werden kürzer, Ihr Beagle wird Ihnen noch mehr folgen, da er nicht gern allein ist. Auch ruht häufig ein ruhiger dunkler Blick auf Ihnen. Er verfolgt nun mehr mit seinen Augen, da sein Gehör nachlässt. Auch wird er vielleicht nicht mehr auf Ihr Signal SITZ reagieren, da ihn seine Knochen schmerzen. Gehen Sie darauf ein und verlangen Sie nicht zu viel von ihm. Er hat Ihnen sein ganzes Leben gegeben und nun etwas Ruhe verdient.

Was Welpen lernen sollten

Begegnungen fürs Leben

Von der 4. bis 8. Woche findet die Prägungsphase statt, von der 9. bis zur 16. Lebenswoche die Sozialisierungsphase. Alle Eindrücke, die der Welpe in dieser Zeit gewinnt, nimmt er mit Neugier auf und lernt sie als selbstverständlich kennen. All das, was er in dieser Zeit versäumt, macht ihm später Angst. Der Züchter beginnt bereits damit, seine Welpen mit verschiedenen Umweltreizen zu konfrontieren. Das muss der Besitzer später fortsetzen. Gut geeignet sind auch Welpengruppen, in denen die Kleinen verschiedene Dinge lernen können.

Tolle Rolle

Welpen erkunden vieles mit den Zähnen. Erst wird sich angenähert, vorsichtig daran geschnuppert und dann die kleinen Zähnchen versenkt. Eine Papröhre ist ein tolles Spielzeug, an dem man auch zu zweit nagen kann.

Ich bin der Größte!

Balance, Koordination und Gleichgewicht entwickeln sich und die tapsigen Hundepfoten gewinnen an Sicherheit. Verschiedene Untergründe, erhöht sitzen oder über Äste steigen fördern seine Fähigkeiten.

Ja, wer bist du denn?

Die Kleinen sind neugierig und begrüßen jeden freundlich, der evtl. zu ihrer Meute dazugehören könnte. Zeigen Sie ihm verschiedene Menschen, Katzen, Kühe, Pferde, Autos etc. – eben alles, was ihm im späteren Leben wieder begegnen wird.

Spielen, nicht nur zum Vergnügen

Im Spiel lernen die Welpen, angemessen auf das Verhalten des anderen zu reagieren und ihre Zähne und Pfoten dosiert einzusetzen. Wird das Spiel zu wild, heult der andere auf und spielt nicht mehr mit. Beim nächsten Mal wird der Grobian vorsichtiger sein, denn er will ja weiterspielen.

Klein mit Hut

Welpen sollten auch schon vielen gut sozialisierten Hunden aller Rassen und Altersstufen begegnen, um die Benimmregeln unter Hunden zu lernen. Der Beagle lernt gerade, dass der Schäferhund keinen Spaß versteht und unterwirft sich diesem, damit der Konflikt beendet wird.

Komm runter!

Ein hoch gehängter Ball, ein verstecktes Herrchen oder ein eingepacktes Leckerli: Das sind Denkaufgaben für den Kleinen, die er lösen muss. Hat er einen Weg gefunden, ist er mächtig stolz und beim nächsten Mal wird es ihm schon leichter fallen. Denksport eben, für Hunde mit Köpfchen.

Konkurrenz belebt das Geschäft

Ein Wettrennen unter Gleichgesinnten, sich durchsetzen und gewinnen, – oder auch mal verlieren. In der Gruppe lernen Welpen die Spielregeln unter Hunden, dazu gehört auch, kleine Frustrationen wegzustecken.

Gesunde Ernährung

Strahlende Augen, glänzendes Fell und eine Tip-Top-Figur: Das weist auf einen guten Ernährungszustand hin. Damit Ihr Beagle in Form bleibt, finden Sie in diesem Kapitel alles über Fertigfutter und Selbstgekochtes, Leckerli und Knabberkram.

Beagle richtig füttern

Feste Futterzeiten

Wenn Sie Ihren Beaglewelpen von einem verantwortungsbewussten Züchter kaufen, wird dieser bei der Abgabe circa neun Wochen alt sein und in der Regel drei Mahlzeiten am Tag erhalten. Die Mahlzeiten sollten mindestens vier Stunden auseinanderliegen. Füttern Sie abends nicht zu spät, damit sich Ihr Hund noch einmal lösen kann, bevor er sich auf seinen Schlafplatz zurückzieht. Die Zeit der ersten Fütterung hängt ganz von Ihrem persönlichen Tagesrhythmus ab.

Möhren, Büffelhautknochen und getrockneter Pansen sind geeignete Kauartikel.

Info | Kein Schweinefleisch

Füttern Sie nie rohes Schweinefleisch, egal ob vom Haus- oder Wildschwein. Schweine können Träger des zur Familie der Herpesviren gehörenden Aujeszky-Virus sein. Zwar ist ein Befall mit diesem Virus meldepflichtig und Fleisch von infizierten Tieren darf nicht in den Verkauf, da der Mensch aber immun gegen diesen Erreger ist, bin ich nicht sicher, ob immer gesetzeskonform gehandelt wird. Bei Hunden und Katzen verläuft die Erkrankung tödlich. Auch wenn das Virus durch Kochen abgetötet wird, sollte man das Risiko lieber gar nicht eingehen.

Ein hochwertiges Fertigfutter bietet eine gute Ernährungsgrundlage.

Futterplan vom Züchter

Egal welche Einstellung Sie zur Hundeernährung haben, anfangs sollten Sie unbedingt weiterhin so füttern, wie Ihr Welpe das aus seiner Zeit beim Züchter kennt. Der Umzug in sein neues Zuhause bringt so viel Neues, dass eine zusätzliche Änderung des Futters Ihrem Kleinen im wahrsten Sinne des Wortes auf den Magen schlagen kann. Verantwortungsbewusste Züchter geben ihren Welpenkäufern einen Futterplan und auch Futter für die ersten Tage mit. Nehmen Sie Änderungen allmählich vor, etwa durch anfängliches Mischen des neuen mit dem alten Futter. Steigern Sie die Futtermenge bei zunehmendem Wachstum mit Augenmaß. Ein Beaglewelpe ist weder ein Magermodel noch ein Sumo-Ringer. Mit etwa einem halben Jahr kann man auf zwei tägliche Mahlzeiten übergehen. Nach einem Jahr reicht eine Mahlzeit pro Tag. Sie können aber auch bei zwei entsprechend kleineren Mahlzeiten bleiben.

„Ob ich hier noch einen Extra-Happen finde?"

Ernährung des Welpen

Unsere Welpen erhalten bei der Abgabe mit neun Wochen drei Mahlzeiten, gegen 8:00 Uhr, 13:00 Uhr und 18:00 Uhr. Neben einem Babybrei, der mit 1/8 Liter abgekochtem Wasser angerührt wird, gibt es eine Fleischmahlzeit, zum Beispiel 100 g Hühnerbrust mit Gemüseflocken, sowie ein Junior-Fertigfutter (50 g). Zudem kennen unsere Welpen bei der Abgabe weitere Fleischsorten, Dosennahrung sowie Fisch. Auch Gemüse (keinen Kohl und keine Pilze) und Obst sind bereits bekannt, Gleiches gilt für Quark. Zum Trinken steht frisches Wasser zur ständigen Verfügung, aber auch an dünnen Tee sind die Welpen gewöhnt. Zum Knabbern gibt es kleine Büffelhautknochen, Möhren oder kleine Hundekuchen. Etwa nach der zwölften Woche wird die Fleischration auf 125 g erhöht, ebenfalls heraufgesetzt wird die Trockenfutterportion. Weitere Steigerungsraten sind von der individuellen Veranlagung, aber auch der Aktivität des Hundes abhängig. Mit etwa sechs Monaten kann die Breimahlzeit weggelassen werden, die beiden verbleibenden Mahlzeiten werden entsprechend erhöht und in einem Abstand von 6 bis 8 Stunden gegeben.

Welpen erhalten ein auf ihr Alter abgestimmtes Futter. – Und ein bisschen Futterneid belebt den Appetit.

Energiezufuhr und Wachstum

Denken Sie daran, dass die Wachstumsgeschwindigkeit wesentlich von der Energiezufuhr abhängt. Eine zu hohe Energiezufuhr beschleunigt das Wachstum und erhöht die Gefahr orthopädischer Schäden durch Überlastung des noch nicht gefestigten Skeletts. Dies gilt nicht nur für große Rassen, sondern auch für den Beagle, auch wenn dieser in deutlich geringerem Maß betroffen ist. Anzustreben ist ein gleichmäßiges Wachstum, was durch eine ausgewogene Zusammensetzung und eine angemessene Mengenbeschränkung des Futters erreicht wird. Aber nicht nur das Futter wirkt sich auf den Bewegungsapparat aus, sondern auch die Art der Belastung.

Info | Kein Grund zur Sorge

Frisst Ihr Beagle in den ersten Tagen nur zögerlich, ist aber ansonsten fidel und munter, brauchen Sie sich nicht gleich Sorgen zu machen. Der fehlende Druck der Geschwister und die große Umstellung können auch beim Beagle zu einer meist kurzfristigen Einschränkung seines ansonsten grenzenlosen Appetits führen.

Erwachsene Beagle ausgewogen füttern

Ist der Beagle ausgewachsen, muss die während der Hauptwachstumsphase erhöhte Futtermenge wieder reduziert werden, da der Hund sonst nur noch in die Breite wächst. Glauben Sie nicht, dass Ihr Beagle weiß, wann er genug hat und von allein aufhört zu fressen. Auch wenn Ihr Hund nicht mehr in der Meute lebt, so fressen die meisten Beagle weiterhin nach dem Motto: „Wer nicht schnell zuschlägt, der verhungert." Aufgrund ihres grenzenlosen Appetits sind viele Beagle auch äußerst erfinderisch bei der zusätzlichen Nahrungsbeschaffung. Achten Sie darauf, dass Ihr Beagle keine Gelegenheit erhält, Nahrungsmittel zu mopsen; zum einen schadet das nicht nur seiner Figur, es ist auch ungesund oder, wie im Fall von Schokolade, sogar gefährlich. Halten Sie die Tagesration eisern ein, und wenn es mehr Hundeleckerli als üblich gibt, ziehen Sie diese von der Gesamtmenge ab. Ein fetter Beagle ist nicht nur unansehnlich, das Übergewicht schadet auch seinem Knochengerüst und seinen Organen, schränkt seine Bewegungsfreude und damit auch seine Lebensfreude ein und verkürzt die Lebenserwartung.

Ein bis zwei Mahlzeiten am Tag

Der erwachsene Beagle kommt mit ein oder zwei Mahlzeiten pro Tag aus. Denken Sie daran, dass Ihr Hund im Alter von sechs Monaten sein Hauptwachstum abgeschlossen hat. Je nach Veranlagung muss die tägliche Futterration wieder verkleinert werden. Bei sehr aktiven Junghunden kann dies noch eine Weile dauern. Wichtig und richtig bleibt: Ein gesund ernährter Beagle hat ein glänzendes Fell, seine Rippen sind nicht zu sehen, aber problemlos zu fühlen. Füttern Sie Fertigfutter, wechseln Sie nach einem, spätestens nach eineinhalb Jahren auf ein Erwachsenenfutter.

Futter für Senioren

Auch ein Beagle wird im Lauf seines Lebens ruhiger, aber selten träge. Sein Stoffwechsel verlangsamt sich, Gleiches gilt für die Verdauung. Die Hunde brauchen ein leicht verdauliches Futter, die Rationen werden der geringeren Bewegung angepasst, also kleiner. Achten Sie weiterhin darauf, dass Ihr Beagle möglichst nicht zu dick wird, denn jedes überflüssige Pfund drückt auf die Gelenke und schadet den Organen. Passen Sie den Speisezettel den Bedürfnissen Ihres Hundes an. Bei Fertigfutter kann auch der Griff zu einem sogenannten Seniorenfutter angezeigt sein.

Fertigfutter oder Selbstgekochtes?

Egal, ob man sich für ein industrielles Fertigfutter entscheidet oder selbst kocht und die Mahlzeiten zusammenstellen möchte, anbieten muss man seinem „Allesfresser" Hund eine ausgewogene, seiner Aktivität und seinem Alter angepasste Nahrung, die alle nötigen Nährstoffe einschließlich Mineralstoffen und Vitaminen enthält. Exakte Mengenangaben sind sehr schwierig, da ähnlich wie beim Mensch Hunde ihr Futter sehr unterschiedlich verwerten. Neben Alter und Aktivität gibt es auch individuelle Unterschiede.

Fertigfutter

Ein hochwertiges Fertigfutter, das auf das Alter Ihres Hundes abgestimmt ist, enthält alles, was der Hund braucht. Fertigfuttermittel haben in den letzten Jahren einen unglaublichen Aufschwung erlebt. Ein Grund hierfür ist unter anderem die Bequemlichkeit. Egal ob Trocken- oder Nassfutter, die entsprechende Menge wird in den Fut-

ternapf gegeben und schon frisst der Hund. Ein weiterer Grund besteht darin, dass diese Komplettfuttermittel alle nötigen Zusätze in abgestimmter Form enthalten. Fehler in der Zusammensetzung des Futters, die sich gerade während des Wachstums verheerend auswirken können, sollten daher nicht auftreten. Wenn Sie Fertigfutter füttern, geben Sie Ihrem Hund anfangs ein Juniorfutter, da dies auf das Wachstum des Hundes abgestimmt ist.

An verschiedene Futtermittel gewöhnen
Gewöhnen Sie Ihren Hund trotz aller Bequemlichkeit an verschiedene Futtermittel. Das ist wichtig, falls der Hund eine Allergie gegen sein normales Futter entwickelt oder auf einer Reise das gewohnte Futter nicht bekommen kann. Zwar fressen die meisten Beagle das, was ihnen angeboten wird, doch es gibt immer wieder Hunde, denen Futterumstellungen Probleme bereiten. Aus diesem Grund sollten Sie Ihrem Hund auch von Anfang an immer mal wieder einen dünnen schwarzen Tee anbieten, statt des frischen Wassers, das ständig zugänglich sein sollte. Hat er sich daran gewöhnt, wird Ihr Beagle den Tee auch bei Magendarmproblemen annehmen, wenn es ratsam scheint, auf Frischwasser zu verzichten. Entpuppt sich Ihr Beagle diesbezüglich als mäkelig, kann auch etwas Traubenzucker hinzugefügt werden. Vor allem bei Durchfällen ist die Flüssigkeitszufuhr von größter Bedeutung.

Eine ausgewogene Ernährung und ausreichende Bewegung sind wichtig für die körperliche Entwicklung zum Prachtkerl.

Zum einwandfreien Futter gehört auch ein hygienischer Napf. Bei konischen Näpfen hängen die Ohren des Beagles nicht ins Futter.

Futterzusätze sind nicht erforderlich

Wichtig ist, dass Sie neben dem Fertigfutter keine weiteren Futterzusätze beimischen, denn diese sind im Komplettfutter ausreichend vorhanden. Und ein Zuviel an Calcium oder anderen Zusätzen ist genauso schädlich wie ein Zuwenig. Probieren Sie aus, was Ihr Hund am besten verträgt. Verlassen Sie sich auch nicht auf die auf der Verpackung aufgelisteten Mengenangaben; dabei handelt es sich um Richtwerte, meiner Erfahrung nach sind diese für Beagle häufig zu hoch angesetzt. Das Angebot an Fertigfutter ist unermesslich und ständig kommen neue Produkte auf den Markt, darunter auch sehr hochwertige ohne tierische und pflanzliche Nebenerzeugnisse. Bei der Kaufentscheidung spielt hier sowohl Ihre eigene Einstellung als auch der Geldbeutel eine Rolle. Allerdings ist unbestritten, dass neben der allgemeinen Umweltbelastung auch das industrielle Fertigfutter mit dazu beigetragen hat, dass die Zahl der Allergiker unter den Hunden deutlich zugenommen hat. Es ist für den Käufer leider sehr schwierig festzustellen, welche Futtermittel wenig „Chemie" und keine Geschmacksverstärker, künstliche Aromen und Hormone enthalten.

Selbstgekochtes

Kocht man selbst, ist unbedingt darauf zu achten, dass der Hund neben der angemessenen Fleischration, auch Fisch eignet sich hervorragend, die entsprechenden Zusätze, also Mineralstoffe und Vitamine, erhält. Gibt es nur hin und wieder zur Abwechslung eine Fleischmahlzeit mit Gemüse oder Gemüseflocken, ist dies weniger bedeutend.

Rohes Schweinefleisch sollte nicht verfüttert werden. Ich persönlich würde generell von rohem Fleisch absehen. Gewürzte Essensreste gehören ebenfalls nicht in den Hundenapf. Auch Knochen sind nicht unproblematisch, gerade beim Beagle. Grundsätzlich sollten – wenn überhaupt – nur nicht splitternde Knochen verfüttert werden. Aber auch hier ist Vorsicht geboten: Beagle sind gierig und viele werden den Knochen nicht genüsslich benagen, was der Zahnpflege durchaus zuträglich ist, sondern versuchen, ihn so schnell wie möglich zu vernichten. Hierbei besteht die Gefahr, dass einerseits Knochenteile verschluckt werden, andererseits wird der Kot bei größeren Mengen steinhart. Geben Sie stattdessen Kauartikel, die nicht splittern. Erhältlich sind diese im Fachhandel.

Milchprodukte wie Quark und Yoghurt sind wertvolle Futterbeigaben.

Leckerli und Kauartikel

Im Handel gibt es eine Vielzahl an mehr, leider auch an weniger sinnvollen Kauartikeln und Leckerchen. Achten Sie darauf, dass die Kauartikel groß genug sind, um nicht verschluckt zu werden, außerdem sollten sie nicht splittern. Leckerli sollten – wie der Name schon sagt – dem Hund zwar besonders gut schmecken, ihn aber nicht dick machen, also kalorienarm sein. Sie können zur Belohnung nach gelungenen Übungen gegeben werden, aber auch als letztes Betthupferl. Ein harter Hundekuchen ist jedoch allemal besser als irgendwelche Hundedrops. Zur Belohnung können auch Pellets vom normalen Fertigfutter genommen werden. Für besondere Leistungen kann man den Anreiz durch spezielle – nur hierfür verwendete – gut riechende Leckerli erhöhen. Mit Letzteren lassen sich auch Tablettengaben problemlos verabreichen – ein Stückchen Käse oder Fleischwurst schlägt auch ein weniger verfressener Beagle kaum aus.

Bei der guten Nase weiß der Beagle längst, was heute in seinem Napf landet, schon lange bevor er es sieht.

Spieglein, Spieglein an der Wand, wer ist der Schönste im ganzen Land? – Beagle sind in punkto Fellpflege kaum zu übertreffen. Einmal mit dem Noppenhandschuh drüber und schon sitzt die Frisur. Da macht es auch nichts, wenn Ihr Vierbeiner andere Ansichten zur Schönheitspflege hat und lieber nach Mäusen buddelt bis der Dreck fliegt.

Fellpflege

Dank seines kurzen Haars ist die Fellpflege beim Beagle recht einfach und beansprucht wenig Zeit. Nichtsdestotrotz sollte man sich aber nicht der Illusion hingeben, dass ein relativ kleiner Hund mit kurzem Haar auch wenig davon verliert. Dem ist mitnichten so. Abhängig ist die Menge der ausfallenden Haare von der Jahreszeit, der individuellen Veranlagung und der Pflege. Normalerweise reicht es, wenn man seinen Beagle einmal in der Woche mit einem Noppenhandschuh oder -striegel bürstet. Zur Entfernung toten Haares eignet sich auch ein sogenannter „Shedder", eine gezackte Metallschlaufe. Dieser sollte vor allem während des Fellwechsels zum Einsatz kommen. Drücken Sie aber nicht zu kräftig, der Hund soll auch diese Behandlung als angenehme Massage empfinden. Bürsten Sie ihn in Zeiten des Fellwechsels alle zwei, drei Tage.

Das kurze Haar des Beagles erleichtert die Fellpflege.

Ein Noppenhandschuh dient der Fellpflege und ist gut sauber zu halten.

Abweichende Geschmäcker in punkto Parfum

Problematisch sind Bäder unter Verwendung von Shampoos, da diese Haut und Haar entfetten. Beschränken Sie deren Einsatz auf echte Notfälle; etwa wenn sich Ihr Beagle in Dingen gewälzt hat, die zwar seinem Geruchsempfinden entgegenkommen, von Ihnen jedoch nicht toleriert oder gar goutiert werden. So liebt es mancher Beagle, sich mit dem Hals in unserer Ansicht nach übel riechende Dinge wie tote Fische oder Vogelkot zu werfen. Ob dieses auch von Wölfen und Wildhunden praktizierte Verhalten den Eigengeruch beim Anschleichen an Beutetiere überdecken soll oder einfach als angenehm empfunden wird, sei dahingestellt; zumindest nach dem Wälzen in totem Fisch ist die Verwendung eines Hundeshampoos unumgänglich. Ansonsten werden Sie erstaunt sein, mit wie wenig Schmutz Ihr eben noch nasser und dreckiger Beagle zu Hause ankommt, wenn er die Gelegenheit hatte, sich vorher trocken zu laufen. Hier reicht es zumeist, den Hund noch einmal abzubürsten, ein Abduschen mit lauwarmem Wasser ohne Badezusätze richtet aber auch keinen Schaden an. Trocknen Sie Ihren Beagle hinterher gut ab, damit er sich nicht erkältet.

Augenpflege

Die Pflege der Augen muss mit größter Vorsicht erfolgen. Reinigen Sie, sofern nötig, mit einem unter lauwarmem Wasser angefeuchteten Papiertuch den inneren Augenwinkel und eventuell vorhandene Tränenspuren. Bei Entzündungen der Bindehaut oder eitrigem Ausfluss ist der Tierarzt aufzusuchen.

Ohrenpflege

Wischen Sie die Innenseite der Beagleohren regelmäßig mit einem feuchten Papiertuch aus. Gehen Sie auf gar keinen Fall mit einem Wattestäbchen oder Ähnlichem in den Gehörgang. Ist das Ohr stark verschmutzt, können Sie einen Ohrreiniger, den man im Zoofachhandel oder beim Tierarzt erhält, verwenden. Die Flüssigkeit wird in den Gehörgang geträufelt, anschließend

> ### Info | Sanfte Fellpflege
>
> Für die Fellpflege Ihres Welpen genügt am Anfang ein Frotteehandtuch, auch ein sauberes Fenstertuch ist geeignet. Ganz wichtig ist dabei, dass der Welpe das Bürsten als angenehm empfindet. Zwar sollen Sie entscheiden, was in beiderseitigem Interesse notwendig ist, auch wenn Ihr Beagle dies sicher anders sieht und immer mal wieder versuchen wird, seinen Kopf durchzusetzen, aber die Pflege Ihres Hundes ist auch für Sie nervenschonender, wenn er diese als angenehm empfindet.

wird der Ohransatz vorsichtig durchgeknetet. Danach kann der Hund den gelösten Schmutz ausschütteln. Kein Hund empfindet diese Prozedur als angenehm und sie sollte auch nicht zu oft eingesetzt werden. Ein gesundes Ohr bedarf, vom Auswischen einmal abgesehen, keiner besonderen Pflege. Ist das Ohr auf der Innenseite jedoch stark gerötet, finden sich schmierige, übel riechende Beläge, kratzt sich der Hund oft an den Ohren oder reagiert empfindlich auf „Ohrenknuddeln", so ist von einer Ohrentzündung auszugehen, die vom Tierarzt behandelt werden muss.

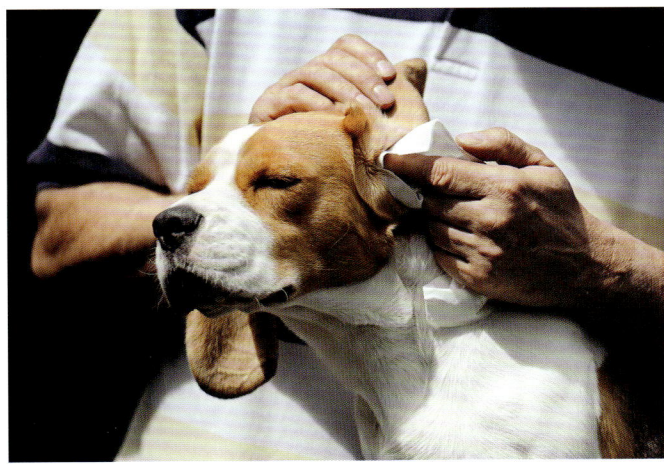

Gebisspflege

Harte Hundekuchen, Kauartikel und ähnliches dienen der Zahnpflege des Beagles und sind in verschiedensten Ausführungen und Größen im Zoofachhandel erhältlich. Von Knochen möchte ich abraten, da diese, wie bereits erwähnt, schnell zu steinhartem Kot führen und beim Beagle immer die Gefahr besteht, dass der Hund zu große Stücke verschlingt, was zu Problemen führen kann.

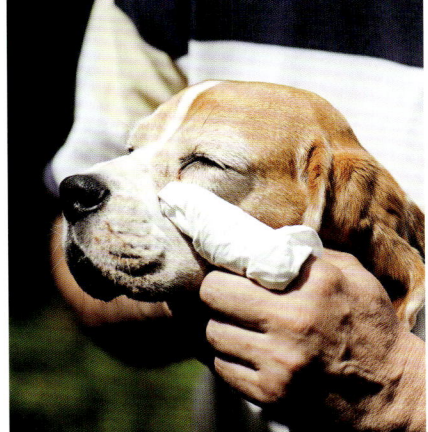

Ohrenpflege ist bei Hunden mit Schlappohren besonders wichtig.

Der innere Augenwinkel wird vorsichtig gesäubert.

Um der Bildung von Zahnstein vorzubeugen, hilft auch Zähneputzen.

Zähne putzen

Im Handel erhältliche Hundezahnpasta und -bürsten dürfen Sie gern verwenden. Wichtig ist, dass Sie Ihrem Beagle vermitteln, dass Zähneputzen ganz toll ist und es hinterher zusätzlich zu der schmackhaften Zahnpasta noch eine Extra-Toberunde oder ein zusätzliches Leckerli gibt. Hat sich auf den Zähnen Ihres Hundes erst einmal starker Zahnstein gebildet, ist eine Entfernung mit Ultraschall unter Narkose beim Tierarzt die einzige Lösung. Andernfalls ist mit üblem Mundgeruch und heftigen Entzündungen zu rechnen.

Krallenpflege

Die Länge der Krallen hängt davon ab, wie viel Bewegung Ihr Beagle bekommt und auf welchem Untergrund er läuft. Hat der Hund nicht ausreichend Gelegenheit, sich die Krallen auf hartem Boden abzulaufen, müssen diese hin und wieder gekürzt werden. Hierfür gibt es im Zoofachhandel geeignete Krallenzangen. Bitte verwenden Sie keine Nagelzangen aus dem Humanbereich, da diese die Krallen zu sehr quetschen. Manche Hunde lassen sich die Krallen auch abfeilen. Achten Sie darauf, dass beim Kürzen der Krallen nicht in den durchbluteten, mit Nerven versehenen Teil der Kralle geschnitten wird. Dies führt nicht nur zu Blutungen, es tut dem Hund auch weh und er wird versuchen, sich dieser Behandlung in Zukunft zu entziehen. Bei hellen Krallen ist der rötliche, durchblutete Teil gut zu erkennen.

Bei schwarzen Krallen muss besonders vorsichtig agiert werden. Sicherheitshalber sollte man einen Blutstiller bereithalten. In jedem Fall regelmäßig zu kürzen sind die Daumenkrallen und – sofern Ihr Beagle über diese verfügt – die sogenannten Wolfskrallen, da diese keinen Bodenkontakt haben und sich nicht abnutzen können. Beagle aus amerikanischer oder britischer Zucht haben diese Krallen in der Regel nicht, da das dortige Tierschutzgesetz deren Entfernung kurz nach der Geburt zulässt. Trauen Sie sich die Prozedur des Krallenschneidens nicht zu, kann man diese auch beim Tierarzt vornehmen lassen.

Hygiene rundum

Nicht nur der Hund soll gepflegt und sauber sein, Gleiches gilt auch für seine Liegeplätze, Fress- und Trinknäpfe und die Pflegeutensilien. Auch hier ist das Angebot im Handel äußerst umfangreich. Achten Sie unbedingt auf Praktikabilität. So sollte der Wassernapf möglichst schwer sein und sich nicht leicht verschieben oder wegtragen lassen. Keramik ist ein empfehlenswertes Material. Der Fressnapf muss leicht und gründlich zu reinigen sein, wie dies auf Edelstahlnäpfe zutrifft. Wählen Sie einen sich nach oben verjüngenden Napf, sodass die langen Behänge Ihres Beagles nicht im Futter hängen. Die Unterlage auf dem Liegeplatz sollte waschbar sein, der Bezug des „Hundebetts" abziehbar. Gut geeignet sind Polyesterfelle, sogenannte „Vet-Beds", die man auf Ausstellungen oder im sanitären Fachhandel als Anti-Dekubitus-Unterlagen erhält. Kontrollieren Sie die Unterlagen regelmäßig, auch stubenreinen Hunden passiert schon einmal ein Missgeschick. Aber einmal wöchentlich sollte es grundsätzlich neue Bettwäsche geben. Auch Ihr Beagle hat Anspruch auf ein sauberes Lager; und nur bei entsprechender Pflege von Hund und Umgebung sind unangenehme Gerüche und mangelnde Hygiene zu vermeiden.

Beim Kürzen der Krallen darf auf keinen Fall in das „Leben" geschnitten werden.

Läufigkeit und Scheinträchtigkeit

Läufigkeit

Die ersten Tage

Die meisten Hündinnen werden etwa alle 6 Monate „heiß". Die erste Läufigkeit tritt meist im Alter von circa einem Jahr auf, kann aber auch deutlich früher oder später eintreten, ohne dass man sich Sorgen machen sollte. Sie beginnt mit dem Anschwellen der Vulva, später kommt es zum Ausfluss von blutigem Sekret. Ihre Hündin tropft! In der Regel benötigt sie keine besondere Pflege in dieser Zeit, denn sie wird selbst bemüht sein, sich möglichst sauber zu halten, und daran sollte man sie auch nicht hindern. Die Blutstropfen, die es doch auf den Boden oder den Liegeplatz schaffen, lassen sich mit kaltem Wasser gut entfernen. Ist Ihr Teppichboden Ihrer Ansicht nach jedoch zu gefährdet, gibt es im Fachhandel spezielle Höschen, in die man ein Papiertaschentuch als Einlage legen kann. Die meisten Hündinnen lassen sich auch hieran gewöhnen.

Die heiße Phase

Aufmerksamkeit ist während der gesamten Läufigkeit geboten. Anfangs wird Ihre Hündin aufdringliche Rüden selbst abwehren. Nach gut einer Woche wird der blutige Ausfluss der Hündin hellrosa und lässt auch in der Menge nach. Doch Achtung! Die Läufigkeit ist längst nicht vorüber. Vielmehr sind dies Anzeichen dafür, dass die Hündin deckbereit ist. Beim Kraulen an der Schwanzwurzel wird sie die Rute zur Seite klappen, Rüden sind ihr jetzt herzlich willkommen. Auch andere Hündinnen lässt sie aufreiten. In dieser Zeit gehört die Hündin an die Leine und muss unter ständiger Aufsicht stehen.

Langsames Ausklingen

Nach einigen Tagen, dies kann individuell variieren, geht die Läufigkeit zu Ende. Die Blutung hat aufgehört, die Vulva schwillt wieder ab, Rüden verlieren ihr Interesse an der Hündin oder werden anfangs wieder abgebellt. Sollte die Hündin auch Wochen nach der Läufigkeit immer noch für Rüden interessant sein, ist es ratsam, beim Tierarzt abzuklären, dass keine verzögerte Läufigkeit vorliegt, die manchmal auch in eine Gebärmutterentzündung übergehen kann.

Scheinträchtigkeit

Manche Hündinnen zeigen mehrere Wochen nach der Läufigkeit Verhaltensweisen einer trächtigen Hündin. Sie nehmen trotz gleichbleibender Futtermenge zu, scharren ihre Decken wie beim Nestbau zusammen, buddeln sich Wurflager im Garten und tragen als Welpenersatz ihr Lieblingsspielzeug hinein. Die Milchleiste schwillt an, einige Hündinnen produzieren sogar Milch. In der Regel bedarf die Hündin auch in dieser Zeit keiner besonderen Pflege. Sind die Symptome sehr ausgeprägt, kann ein Tierarztbesuch angezeigt sein, auch homöopathische Mittel können helfen. Auf gar keinen Fall sollten Sie Ihre Hündin in dieser Zeit besonders bemuttern. Animieren Sie sie zu mehr Bewegung und entziehen Sie ihr ihre „Ersatzbabys".

Als mittelgroßer, harmonisch gebauter Hund ohne anatomische Übertreibungen ist der Beagle robust und erreicht in der Regel ein hohes Alter. Nicht selten werden manche Individuen 15 bis 17 Jahre alt, aber auch 12 Jahre sind als normal anzusehen. Wesentliche Grundlagen der Gesundheit Ihres Hundes sind neben den Anlagen, die der Welpe mitbringt, eine qualitativ hochwertige Ernährung, angemessene Bewegung und gute Pflege. Auch ein umfassender Impfschutz gehört dazu.

Infektionskrankheiten und Impfungen

Impfungen schützen Ihren Hund vor lebensgefährlichen Infektionskrankheiten und müssen demnach in regelmäßigen Abständen erfolgen. Zudem ist etwa eine gültige Tollwutschutzimpfung Voraussetzung für die Reise mit dem Hund in andere Länder oder das Betreten von Ausstellungsgeländen. Bevor ich einen empfehlenswerten Impfplan vorstelle, möchte ich kurz die Krankheiten ansprechen, gegen die Ihr Hund durch Impfungen unbedingt geschützt werden sollte:

Staupe

Die Staupe ist eine äußerst gefährliche Infektionskrankheit. Der Staupevirus gehört zu den Paramyxoviren und kann oral oder aerogen über die Maul- oder Nasenschleimhaut aufgenommen werden. Nach der Aufnahme des Virus treten etwa eine Woche später erste Krankheitsanzeichen auf. Es kommt zu Fieberschüben, wässrigem Augen- und Nasenausfluss. Weitere Symptome wie Appetitlosigkeit und Apathie können hinzukommen.

Ein lückenloser Impfschutz schützt ein Leben lang.

Die Grundimmunisierung wird mit der Wiederholungsimpfung im Alter von circa 15 Monaten abgeschlossen.

Der Verlauf der Krankheit ist abhängig von der Virulenz des Erregers, der Stärke des Befalls sowie dem Alter und Gesundheitszustand des befallenen Hundes. Häufig kommt es während des Krankheitsverlaufs zu Sekundärinfektionen, die die gesundheitliche Situation des Hundes weiter beeinträchtigen. Das sogenannte Staupegebiss, das durch schwerwiegende Zahnschmelzdefekte gekennzeichnet ist, tritt auf, wenn die Infektion im Alter von 3 bis 6 Monaten durchlaufen wird. Greifen die Staupeviren wie bei der sogenannten nervösen Staupe das Gehirn an, ist eine Rettung des Hundes leider selten möglich.

Parvovirose („Katzenseuche")

Die Bezeichnung „Katzenseuche" erklärt sich daraus, dass diese Infektion bei Katzen schon viel früher auftrat als beim Hund, bei dem sie erstmals 1978 beobachtet wurde. Obwohl die auslösenden Viren bei Hund und Katze eng miteinander verwandt sind, ist eine Übertragung der Krankheit von der Katze auf den Hund und umgekehrt glücklicherweise nicht möglich. Parvovirose kann zwei unterschiedliche Verläufe nehmen: Zum einen die nur bei sehr jungen Hunden auftretende und fast immer tödlich endende Herzmuskelentzündung, zum anderen die Entzündung der Darmwände. Durch aus-

reichenden Impfschutz der Muttertiere ist die erste Form äußerst selten geworden. Leider trifft das nicht auf die Verbreitung der von blutigen und übel riechenden Durchfällen und Erbrechen begleiteten zweiten Form zu. Durch den hohen Flüssigkeitsverlust kommt es bei den befallenen Tieren zu hohen Gewichtsverlusten und Elektrolytmangel. Kann diesen Verlusten nicht schnell und ausreichend entgegengewirkt werden, endet die Krankheit tödlich. Aufgenommen wird der äußerst langlebige Parvovirosevirus durch den Kontakt mit Kot von infizierten Tieren.

Hepatitis Contagiosa Canis (HCC)

Auch die ansteckende Leberentzündung wird durch einen Virus hervorgerufen, der oral, durch Kontakt mit Speichel, Nasensekret, Urin oder Kot infizierter Tiere aufgenommen wird. Er kann vom Hund nicht auf den Menschen übertragen werden. Neben starken Fieberschüben kann es auch hier zu Augen- und Nasenausfluss, Erbrechen, Durchfall und weiteren Symptomen kommen. Für ungeschützte junge Hunde kann die Krankheit tödlich verlaufen. Hepatitis ist in Westeuropa infolge des hohen Impfschutzes des Hundebestandes jedoch sehr selten geworden.

Leptospirose/Stuttgarter Hundeseuche

Leptospirose – auch Stuttgarter Hundeseuche genannt – ist eine durch Bakterien hervorgerufene Erkrankung, die sowohl den Hund als auch den Menschen befallen kann. Hunde infizieren sich häufig über verschmutztes Wasser, etwa Pfützen, in denen der Erreger längere Zeit überleben kann. Befallene Tiere scheiden den Erreger über den Urin aus. Die Bakterien setzen sich in den Nieren fest und können zu dauerhaften Schädigungen führen. Die Diagnose wird durch unterschiedlich auftretende Symptome erschwert.

Tollwut

Tollwut ist die gefährlichste Virusinfektion für Mensch und Hund und verläuft ohne vorherige Impfung und ohne Postexpositionsprophylaxe immer tödlich. Neben Säugetieren können auch Vögel befallen werden. Hauptüberträger sind wild lebende Fleischfresser wie Füchse, aber auch Fledermäuse und Eichhörnchen kommen infrage. Befallene Tiere scheiden den Erreger über den Speichel aus. Bei Bissverletzungen dringt das Virus über den Speichel direkt in den Körper und wandert ins Gehirn, wo es sich weiter vermehrt. Typische Stadien sind auffällige Verhaltensänderungen, so werden zum Beispiel scheue Tiere zutraulich, später folgen Erregungszustände und kurz vor dem Tod treten Lähmungserscheinungen auf. Die Inkubationszeit kann bis zu mehrere Monate betragen. Auch wenn Tollwut in Deutschland selten geworden ist, sollte der Kontakt mit toten Wildtieren vermieden und bei Bissverletzungen der Arzt kontaktiert werden. Durch eine Impfung innerhalb einer Woche nach der Infektion kann der Ausbruch der Krankheit verhindert werden. Da sich Füchse seit einiger Zeit auch die Stadt erobert haben, ist deren Kontakt mit dem Menschen zwar leichter geworden, aber auch tollwütige Füchse sind in Deutschland infolge der durchgeführten Schluckimpfungen extrem selten. Hunde sind wegen der hohen Impfrate in Europa selten betroffen, doch stellen streunende Hunde nicht nur in außereuropäischen Ländern eine Gefahr dar.

Eine gültige Tollwutschutzimpfung von Hunden und Katzen wird bei Reisen ins Ausland von den meisten Ländern gefordert, einige verlangen zusätzlich eine Titerbestimmung.

Füchse können Krankheitsträger sein und diese weiterverbreiten; z.B. den Fuchsbandwurm, in seltenen Fällen auch Tollwut.

Impfen

Impfplan

Zwar gibt es keine Allgemeingültig-keit, doch erfolgen die ersten Imp-fungen zur Grundimmunisierung bei Welpen in der Regel in der achten Lebenswoche. Vorher werden die Welpen über die Antikörper der Mutter geschützt; bei den Föten erfolgt dies über die Plazenta, bei den Saugwelpen über die Kolostral-milch. Wird zu früh geimpft, befin-den sich noch zu viele Antikörper der Mutter im Blut der Welpen und verhindern die Bildung eigener Antikörper.

Gesund und wurmfrei

Die nachstehende Aufführung der Impftermine entspricht den Emp-fehlungen des Bundesverbands Praktizierender Tierärzte und de-nen des VDH. Voraussetzung für eine Impfung ist grundsätzlich, dass der Hund gesund ist und auch ein möglicher Wurmbefall vorher be-kämpft wurde. Geimpft wird gegen Staupe, Hepatitis (HCC), Parvovi-rose, Leptospirose und Tollwut. Impfungen gegen Zwingerhusten und Zecken-Borreliose können hinzukommen.

Grundimmunisierung

Mit der Wiederholungsimpfung im 15. Monat ist die Grundimmunisie-rung abgeschlossen. Hält man den empfohlenen Impfplan ein, ist der Hund gegen die gefährlichsten Infektionskrankheiten geschützt.

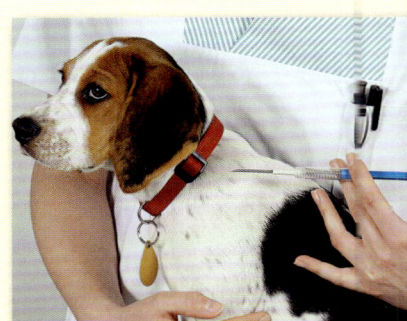

	8. Woche	12. Woche	16. Woche	15 Monate
Staupe	1. Impfung	2. Impfung	3. Impfung	4. Impfung
Hepatitis	1. Impfung	2. Impfung	3. Impfung	4. Impfung
Parvovirose	1. Impfung	2. Impfung	3. Impfung	4. Impfung
Leptospirose	1. Impfung	2. Impfung		3. Impfung
Tollwut		1. Impfung	2. Impfung	3. Impfung

Wiederholungsimpfungen

Als Wiederholungsimpfungen gelten alle Impfungen nach abgeschlossener Grundimmunisierung. Nach dem derzeitigen Wissenschaftsstand sind Wiederholungsimpfungen gegen Staupe, Hepatitis (HCC) und Parvovirose ab dem zweiten Lebensjahr in einem dreijährigen Abstand ausreichend. Wiederholungsimpfungen gegen Leptospirose sollten in jährlichen Abständen, in Endemiegebieten auch häufiger, erfolgen. Für die Wiederholung von Tollwutimpfungen gelten (seit der Änderung der Tollwutverordnung vom 20.12.2005) die in den Packungsbeilagen von den Impfstoffherstellern genannten Termine. Diese sind in den EU-Heimtierpass vom Tierarzt einzutragen. Allerdings heißt das nicht, dass diese Abstände bei Auslandsreisen von allen Ländern akzeptiert werden. Hier sollten Sie sich vorab bei den Veterinärämtern oder Ihrem Tierarzt erkundigen.

Zusätzliche Impfungen

Zwingerhusten

Beim Zwingerhusten handelt es sich um eine Entzündung der Luftröhre und der Bronchien. Da diese Infektion häufig dort auftritt, wo viele Hunde in engem Kontakt stehen, spricht man von Zwingerhusten, obwohl auch Einzeltiere betroffen sein können. Ausgelöst wird sie durch das Zusammenwirken unterschiedlicher Erreger, vornehmlich Viren, aber auch Bakterien. Als Haupterreger gilt das canine Parainfluenzavirus. Gegen dieses gibt es eine Schutzimpfung, die für Hunde in betroffenen Gebieten angezeigt ist.

Borreliose

Auf diese für Mensch und Hund nicht ungefährliche bakterielle Infektionskrankheit wird an anderer Stelle näher eingegangen. Die für Hunde angebotene Impfung wurde ursprünglich für Menschen entwickelt, letztlich aber nicht zugelassen. Sie ist bezüglich Wirksamkeit und Nebenwirkungen umstritten.

Noch nicht geschützt

Denken Sie jedoch daran, dass Ihr Welpe mit der bei Ihnen erfolgten ersten Nachimpfung noch nicht den entsprechenden Schutz aufgebaut hat. Setzen Sie Ihren Beagle nicht unnötig Infektionsgefahren aus. Vermeiden Sie den direkten Kontakt zu kranken Hunden, etwa im Wartezimmer des Tierarztes, und suchen Sie Hundespielwiesen erst auf, wenn ein kompletter Impfschutz gegeben ist.

Zecken und andere ungeliebte Gäste

Nach einem Spaziergang durch Wald und Feld ist es ratsam, seinen Hund nach Zecken abzusuchen. was bei einem kurzhaarigen Hund sehr Erfolg versprechend ist. Zecken, die zu den Milben gehören, halten sich vornehmlich auf Sträuchern, hohen Gräsern oder im Unterholz auf. Bewegt sich ein potenzieller Wirt wie der Hund durch das Gebiet, werden sie abgestreift. Die Parasiten krabbeln auf ihrem Wirt herum, um sich festzubeißen und mit Blut vollzusaugen. Dabei geben sie Speichelsekret in die Bissstelle ab, wodurch Krankheitserreger ins Blut gelangen können. Erst wenn sie sich vollgesaugt haben, fallen sie wieder ab.

Ektoparasiten wie Zecken und Flöhe sind auf dem kurzen Fell des Beagles leicht zu entdecken.

Überträger von Krankheiten

Je länger die Zecke am Hund sitzt, desto größer ist die Infektionsgefahr. Vom sogenannten Holzbock können Borreliose und Frühsommer-Meningo-Enzephalitis (FSME), eine Form der Hirnhautentzündung, übertragen werden. Die Blutzellen zerstörende Babesiose wird in der Regel von der braunen Hundezecke und der Buntzecke übertragen.

Zecken entfernen

Entdecken Sie auf Ihrem Hund Zecken, die sich schon festgebissen haben, entfernen Sie diese vorsichtig mit einem Zeckenhaken, der meines Erachtens zuverlässiger in der Anwendung ist als Pinzetten oder Zeckenzangen. Früher wurde empfohlen, die Zecke mit Öl zu beträufeln, damit sie erstickt, doch nach neueren Erkenntnissen rät man von der Methode ab. Denn im Todeskampf gibt die Zecke besonders viel Speichel in den Hundekörper ab, wodurch die Infektionsgefahr steigt. Achten Sie darauf, dass die gesamte Zecke entfernt, der Kopf nicht abgerissen wird und in der Haut des Hundes stecken bleibt, wo er Entzündungen hervorrufen kann. Wichtigste Vorbeugung gegen den Zeckenbefall ist das gründliche Absuchen nach Spaziergängen, auch homöopathische Mittel oder die Gabe von Knoblauch beziehungsweise kalt gepresstem Leinsamenöl können dem Zeckenbefall vorbeugen. Der Tierarzt hält Medikamente bereit, die dem Hund auf die Haut gegeben werden und diesen für einen Zeitraum von vier bis acht Wochen vor dem Befall schützen.

Info Bandwurm-Gefahr

Flöhe können auch Bandwürmer übertragen, sodass nach einem Flohbefall auch eine entsprechende Entwurmung ins Auge gefasst werden sollte.

Andere Plagegeister

Andere Quälgeister wie Flöhe, Läuse und Haarlinge stellen ebenfalls eine Gefahr für Hunde dar. Igel tragen zumeist eine ganze Sammlung von Flöhen mit sich herum. Schnuppert Ihr Hund an einem Igel, sollten Sie ihn umgehend nach Flöhen absuchen und gegebenenfalls behandeln. Hat der Hund Flöhe mit nach Hause gebracht, müssen Sie auch seine Liegeplätze desinfizieren.

Milben

Milben können beim Hund zu Juckreiz und Hautproblemen führen und sind schwer zu entdecken. Auf Milben wie die Demodex-Milbe trifft man überall. Mit einem „normalen Befall" wird ein gesunder, widerstandskräftiger Organismus allein fertig. Ist das Immunsystem jedoch geschwächt, treten größere Probleme auf, Haare fallen aus und der Hund leidet unter Juckreiz. Gehen Sie sofort zum Tierarzt, um die Ursache klären und behandeln zu lassen.

Weitere Erkrankungen

Krankheitsanzeichen erkennen

Das Fell glänzt, die Augen sind klar, der Appetit Ihres Beagles ist genauso grenzenlos wie seine Vitalität. Ihr Beagle fühlt sich allem Anschein nach wohl und ist gesund. Jede Abweichung sollte als Warnsignal aufgefasst werden. Weitere Anzeichen sind eine warme, trockene Nase, wobei dies beim müden Hund nicht ungewöhnlich ist, erhöhte Temperatur, beim Hund über 39° C, rektal gemessen. Selbstverständlich lassen sich auch beim Beagle Herzschlag oder Puls messen; Letzterer am besten an der Oberschenkelinnenseite. Ein Ruhewert von circa 100 Schlägen pro Minute ist normal.

Nach einem Aufenthalt im Freien sollten Sie das Fell Ihres Beagles nach Zecken absuchen.

Klare Augen, feuchte Nase, aufmerksamer Blick und Appetit sind Merkmale eines gesunden Beagles.

Erb- und Infektionskrankheiten

Unter den vielen Krankheiten, die einen Hund befallen können, sind sowohl Erbkrankheiten, die der Welpe von seinen Eltern mitbekommen hat, als auch solche, die er in seinem späteren Leben erwirbt. Zu Letzteren gehören zum Beispiel alle Infektionskrankheiten. Die Gefahr einer Ansteckung hängt sowohl von der körpereigenen Immunabwehr, als auch von einem kompletten Impfschutz ab. Erblich bedingt sind eine Reihe von Augenkrankheiten und zu einem Großteil die Hüftgelenksdysplasie. Ich möchte nun einige Krankheiten, die auch bei Ihrem Hund auftreten können, anführen:

Augenkrankheiten

Ständig tränende Augen, gerötete Augäpfel, Eiterbildung und Eintrübungen sind Anzeichen für gesundheitliche Störungen und sollten dem Tierarzt gezeigt werden. Neben allergischen Reaktionen kann es auch zum Glaukom (grüner Star) und zum Katarakt (grauer Star) kommen. Diffizile Augenoperationen sollten Sie nur von einem spezialisierten Augenarzt durchführen lassen. Weit weniger problematisch ist das sogenannte Cherry-Eye oder auch Kirschauge. Hierbei handelt es sich um eine Entzündung der Nickhautdrüse. Diese schwillt an und tritt hervor. Augentropfen helfen meistens umgehend. Tritt der Vorfall immer wieder auf, ist eine Augenoperation sinnvoll.

Ohrenkrankheiten

Die wunderschönen Ohren des Beagles tragen ohne Zweifel zu dem im Rassestandard geforderten sanften Ausdruck bei. Gleichzeitig beeinträchtigen Hängeohren aber auch die Belüftung des Gehörgangs. In dem feucht-warmen Mikroklima können sich Bakterien und Milben schneller vermehren. Häufiges Schütteln, starke Ohrenschmalzbildung, unangenehmer Geruch und Juckreiz deuten auf Ohrprobleme hin, die im Allgemeinen durch entsprechende Medikation schnell behoben werden können.

Erkrankungen des Gebisses

Achten Sie beim Zahnwechsel Ihres Junghundes darauf, dass der Durchbruch der bleibenden Zähne nicht vor persistierenden Milchzähnen behindert wird. Vor allem bei den Milchcanini, den großen Eckzähnen, kann es dazu führen, dass sich der bleibende Zahn am Milchzahn vorbeischiebt. Übt dieser keinen Druck von unten auf die Wurzel des Milchzahns aus, wird diese nicht abgebaut und der Milchzahn sitzt weiterhin fest im Kiefer des Hundes. Gegebenenfalls muss dieser dann gezogen werden. Dies ist erforderlich, wenn der bleibende Zahn durch den persistierenden Milchzahn in eine falsche Stellung gedrückt wird. Achten Sie in den kommenden Jahren darauf, dass die Zähne Ihres Beagles weiß sind und

Zahnbelag umgehend entfernt wird. Hierbei helfen spezielle Kauartikel, aber auch an Zahnpflege lässt sich ein Beagle gewöhnen. So können die Zähne mit einer speziellen Hundezahnpasta geputzt werden, auch das Abreiben mit einem Stück Apfelschale hilft. Liegt starker Zahnsteinbefall vor, ist eine Entfernung mit Ultraschall durch den Tierarzt nötig, die nur unter Narkose durchgeführt werden kann.

Magendarmerkrankungen

Verdauungsstörungen liegen vor, wenn der Kot Ihres Beagles nicht geformt ist. Bei länger anhaltendem Durchfall ist der Tierarzt aufzusuchen, bei Welpen

und Junghunden ist besondere Vorsicht geboten, da die Gefahr des Austrocknens groß ist. Ein sofortiger Tierarztbesuch ist unbedingt notwendig, wenn der Welpe wässrigen Kot ausscheidet. Auch extrem fester oder gar ausbleibender Kot deutet auf Probleme hin.

Durch Benagen harter Hundekuchen oder Kauartikel wird der Zahnsteinbildung vorgebeugt.

Verstopfte Analdrüsen

Rutscht Ihr Hund auf dem Po, liegt das nicht an irgendwelchen Parasiten, wie immer wieder behauptet wird, sondern aller Wahrscheinlichkeit nach an einer zu vollen Afterdrüse, die entleert werden muss. Normalerweise sollte das beim Kotabsetzen passieren. Geschieht dies nicht, muss die Entleerung manuell vorgenommen werden. Lassen Sie sich von Ihrem Tierarzt oder Züchter zeigen, wie es geht, dann können Sie diese Prozedur problemlos selbst ausführen. Kommt es über längere Zeit nicht zur Entleerung der Drüse, kann dies zu schmerzhaften Entzündungen führen.

Vermeiden Sie zu heftiges Toben direkt nach der Fütterung.

Tipp | Futterumstellung

Vermeiden Sie radikale Futterumstellungen, um Magendarmerkrankungen vorzubeugen. Gehen Sie langsam vor und mischen Sie anfangs die Futtersorten. Achten Sie stets auf verändertes Trink- oder Fressverhalten Ihres Hundes, um rechtzeitig reagieren zu können.

Magendrehung

Eine Magendrehung, wie sie bei größeren Rassen vorwiegend im fortgeschrittenen Alter nach umfangreicher Nahrungsaufnahme auftreten kann, ist beim Beagle eher unwahrscheinlich. Trotzdem sollte man nicht zu große Mengen auf einmal füttern und Herumtoben und Rennen des Hundes nach der Fütterung vermeiden. Tritt eine Magendrehung auf, ist sofortige ärztliche Hilfe nötig. Anzeichen hierfür sind der vergebliche Versuch des Hundes zu erbrechen sowie ein aufgeblähter Bauch.

Stoffwechselerkrankungen

Eine der wenigen Stoffwechselerkrankungen, die auch beim Beagle auftreten kann, ist die Schilddrüsenunterfunktion, die Hypothyreose. Sie tritt meistens erst nach mehreren Jahren auf und geht oft mit Fettleibigkeit, Apathie, Haut- und Haarproblemen sowie Unfruchtbarkeit einher. Die Unterfunktion der Stoffwechselhormone kann durch Medikation der entsprechenden Hormone, zumeist mangelt es an Thyroxin, behoben werden.

Epilepsie

Bei Epilepsien handelt es sich um wiederholt auftretende Anfälle, die ihren Ursprung im Gehirn haben und nicht auf akute Hirnerkrankungen wie Staupe, Hirnhautentzündung oder Hirntumore zurückgehen. Diese Krampfanfälle können sehr schwer, aber auch fast unmerklich verlaufen.

Bei der idiopathischen oder primären Epilepsie handelt es sich um funktionelle Hirnveränderungen mit genetischem Hintergrund; es kommt zu Entladungen im Gehirn, welche dann die Anfälle auslösen. Betroffen sind vor allem Arten mit niedriger Hemmschwelle, so auch Mensch und Hund, bei Letzterem praktisch jede Rasse. Die Krämpfe treten gehäuft aus der Ruhe, seltener aus der Bewegung heraus auf. Der erste Anfall kann im ersten Lebensjahr auftreten, aber auch mehrere

Vor genetischen Erkrankungen schützt auch die beste Pflege nicht.

Jahre später. Ohne Behandlung nimmt die Anfallhäufigkeit meist zu. Zwischen den Krämpfen sind die Hunde unauffällig.

Bei der symptomatischen oder sekundären Epilepsie handelt es sich um Folgen von Hirnerkrankungen oder -verletzungen. Epileptische Anfälle können aber auch durch Stoffwechselerkrankungen, Vergiftungen oder bestimmte Herz- oder Lebererkrankungen hervorgerufen werden. Eine genaue Abklärung ist daher unbedingt nötig, um die richtige Therapie einleiten zu können. Die Behandlung erfolgt nach diagnostischer Abklärung medikamentös. Hunde mit einer primären Epilepsie benötigen die Medikamente bis an ihr Lebensende, doch ist bei entsprechender Dosierung in vielen Fällen ein weitgehend anfallfreies Leben für den betroffenen Hund möglich.

Krebs

Auch Hunde können an Krebs erkranken. Bei Hündinnen spielen Mammatumore eine nicht unerhebliche Rolle, beim Rüden Hodenkrebs; besonders anfällig sind Hoden, die nicht bis in den Hodensack abgestiegen sind und im Bauchraum oder Leistenkanal einer erhöhten Umgebungstemperatur ausgesetzt sind. Eine operative Entfernung innen liegender Hoden, was auch als Hodenhochstand bezeichnet wird, ist ratsam. Das frühzeitige Erkennen und Entfernen von Tumoren ist von größter Wichtigkeit, um der Bildung von Metastasen zuvorzukommen. Zwar können durch eine frühzeitige Kastration der Hündin nicht nur Gebärmutterprobleme, sondern auch Gesäugetumore vermieden werden, doch kann ein derartiger Eingriff auch zu nicht unerheblichen Veränderungen führen. Hierzu gehören Harninkontinenz, phlegmatisches Verhalten, Gewichtsprobleme, Verlust der Fellqualität. Die Kastration des männliches Tieres kann ähnliche Probleme bringen, zudem werden kastrierte Rüden von anderen Rüden gern unterdrückt und bestiegen, was den Aufenthalt auf Hundeplätzen nicht immer zur reinen Freude macht.

Erkrankungen des Skelett- und Bewegungsapparates

Um derartigen Erkrankungen vorzubeugen, bedarf es einer verantwortungsbewussten Aufzucht und einer gesunden Ernährung. Vor allem der junge, sich noch im Wachstum befindende Hund darf nicht überfordert, also nicht übermäßig belastet werden. Treppenlaufen, vor allem hinab, sollte so lang vermieden werden, bis der Hund nicht mehr von Stufe zu Stufe springen muss. Auch Ausdauersport, etwa das Traben am Fahrrad, ist dem ausgereiften, erwachsenen Beagle vorbehalten. Dennoch können Skeletterkrankungen Ihren Hund treffen.

Ein Beagle mit gesunden Hüften kann seine Hinterläufe problemlos nach hinten strecken.

Hüftgelenksdysplasie (HD)

Bei einem idealen Hüftgelenk umfasst die gut ausgebildete Pfanne den kugeligen Kopf des Oberschenkels und dessen Mittelpunkt liegt deutlich innerhalb der Pfanne. Der Gelenkspalt ist schmal und gleichmäßig. Sind Hüftpfanne und Oberschenkelkopf abgeflacht, der Gelenkspalt vergrößert oder auch unregelmäßig und wird der Oberschenkelkopf nicht mehr gut umschlossen, liegt eine kranke Hüfte vor, deren Zustand sich im Laufe der Belastung weiter verschlechtern wird. Das führt vor allem bei großen, schweren Rassen zu starken Beeinträchtigungen der befallenen Individuen.

Da die Hüftgelenksdysplasie zu einem wesentlichen Teil erblich ist, werden im Beagle Club Deutschland nur Hunde zur Zucht zugelassen, die im Alter von mindestens einem Jahr geröntgt wurden und deren Hüftstatus besser als „D" (mittlere HD) ist.

Auch wenn mir kein Beagle bekannt ist, der unter starken Hüftgelenksproblemen leidet, was an seinem niedrigen Gewicht und der guten Hinterhandmuskulatur liegt, wird durch die Röntgenpflicht dafür Sorge getragen, dass sich die Situation auf diesem Gebiet nicht verschlechtert. Kürzliche Importe von Beaglen aus Ländern ohne Röntgenpflicht mit zum Teil schlechtem Hüftstatus (HD „C" oder gar „D") zeigen, wie sinnvoll diese Untersuchung auch bei dieser Rasse ist.

Bandscheibenerkrankungen

Viel häufiger als unter HD leiden Beagle im fortgeschrittenen Alter unter Bandscheibenproblemen. Auch wenn die Rasse aufgrund ihrer Proportionen hierfür nicht übermäßig prädestiniert ist, gibt es doch einige Beagle, die unter dieser sehr schmerzhaften Erkrankung leiden. Häufig hilft eine medikamentöse Behandlung mit schmerzstillenden,

Ein gesundes Skelett ist Grundlage für optimale Beweglichkeit.

entzündungshemmenden Arzneimitteln und körperliche Schonung. Es gibt aber auch Fälle, in denen eine Operation nötig ist.

Chondrodystrophie

Durch eine Störung der Knorpelbildung kommt es zu einer Verknöcherung der Wachstumsfugen. Das Wachstum wird verlangsamt und verfrüht gestoppt. Da die Speiche länger wächst als die Elle, ist das Ellenbogengelenk auswärts gestellt. Diese Krankheit führt zur Kurz- und Krummbeinigkeit sowie zur Verzwergung. Sie kann auch beim Beagle auftreten und führt zu plumpen Hunden mit kurzen, dicken und krummen Läufen.

Beaglerute

Trotz des Namens tritt diese Erkrankung bei verschiedenen Rassen auf und ist unter anderem auch als „Hammel- oder Wasserrute" bekannt. Gekennzeichnet wird sie durch schlaffes Herabhängen des hinteren Rutenteils, so als wäre dies gebrochen. Als Auslöser wird eine schmerzhafte Entzündung im Schwanzwirbelbereich angenommen, muskuläre Probleme können ebenfalls eine Rolle spielen. Auch wenn die eigentliche Ursache nicht geklärt ist, scheint Nässe die Erkrankung zu fördern. Es gibt einige Aussteller, die mit diesem Problem konfrontiert wurden, nachdem sie ihren Beagle am Vortag der Ausstellung gebadet hatten. In der Regel ist die Rute nach zwei bis drei Tagen wieder in Ordnung. Gegebenenfalls kann mit entzündungshemmenden und schmerzlindernden Medikamenten die Heilung beschleunigt werden. Vorbeugend sollten Sie darauf achten, dass Sie Ihren nass gewordenen Hund nicht nur im Bauchbereich gut abtrocknen, sondern auch seine Rute.

Blutkrankheiten

Auch bei Hunden gibt es, wenn auch relativ selten, Bluter. Neben der Hämophilie A, die nur bei Rüden auftritt und auch beim Menschen bekannt ist, gibt es eine abgeschwächte Form, die bei Beaglehündinnen und -rüden vorkommen kann. Auch wenn Blutungen hier nicht von gleicher Gefahr wie beim Typ A sind, ist die Blutgerinnung doch deutlich eingeschränkt und äußerste Vorsicht und schnelles Eingreifen bei blutenden Verletzungen geboten.

Anämie

Eine Anämie, also Blutarmut, liegt vor, wenn das Zahnfleisch des Hundes weißlich statt rosa ist oder wenn sich bei leichtem Druck auf das rosige Zahnfleisch die nun blasse Stelle nicht innerhalb kürzester Zeit wieder rosa färbt. Hier ist ein sofortiger Tierarztbesuch unbedingt notwendig.

Tierarzt oder nicht?

In so manchem Fall obliegt es Ihrer Beobachtung und Einschätzung, ob bei der Erkrankung Ihres Hundes – ganz gleich welcher Art – noch etwas gewartet werden kann oder ob ein Arztbesuch nötig ist. Trotz gewissenhafter Abwägung Ihrerseits ist es möglich, dass Sie auch mal erste Hilfe bei Ihrem Hund leisten müssen. Hierzu möchte ich Ihnen einige Tipps geben.

Zwar sind Beagle keine ausgemachten Schwimmer, für ein kurzes Bad oder eine kleine Erfrischung sind sie aber stets bereit.

Erste Hilfe beim Hund

Erste Hilfe beim Hund

Achten Sie stets auf Ihren Hund und vermeiden Sie es, ihn in unnötige Gefahrensituationen zu bringen. Trotzdem sollten Sie darauf vorbereitet sein, Erste-Hilfe-Maßnahmen bei Ihrem Beagle durchführen zu können. Bewahren Sie einen kühlen Kopf, denn von Ihren Maßnahmen hängt es unter Umständen ab, ob die Gefahrensituation eingedämmt wird oder ausufert. Für den Fall der Fälle sollten Sie ein Erste-Hilfe-Set im Haus und auch im Auto griffbereit haben.

Zusammensetzung eines Erste-Hilfe-Sets

Neben Verbandsmaterial wie Mullbinden, Haftverbänden, Pflaster, sterilen Wundauflagen und Watte sollten auch Desinfektionsmittel sowie antiseptische Puder oder Salben enthalten sein. Hinzu kommen Pinzette, Schere, Zeckenzange beziehungsweise -haken, Fieberthermometer, Heiß-/Kaltkompressen sowie Rescue-Tropfen. Ist Ihr Hund Allergiker, gehört auch ein Antihistaminikum zur Notfallausrüstung. Zur oralen Applikation sind Einwegspritzen (ohne Nadel) und Pipetten gut geeignet. Sinnvoll ist auch, einen Notfall-Beißkorb dabei zu haben, um auch den unter Schmerzen stehenden Hund versorgen zu können. Auch mit einer Mullbinde kann das Schnappen Ihres Hundes unterbunden werden.

Notfallkoffer für Menschen

Selbstverständlich können Sie auch ein Erste-Hilfe-Set aus der Humanmedizin, wie Sie es von Ihrem Auto kennen, als Grundlage verwenden. Parat haben sollten Sie die Telefonnummer Ihres Tierarztes und – falls dieser nicht zu erreichen ist – die des tierärztlichen Notdienstes beziehungsweise einer rundum geöffneten Tierklinik. Vergessen Sie nicht, sich im Urlaub entsprechende Informationen zu besorgen.

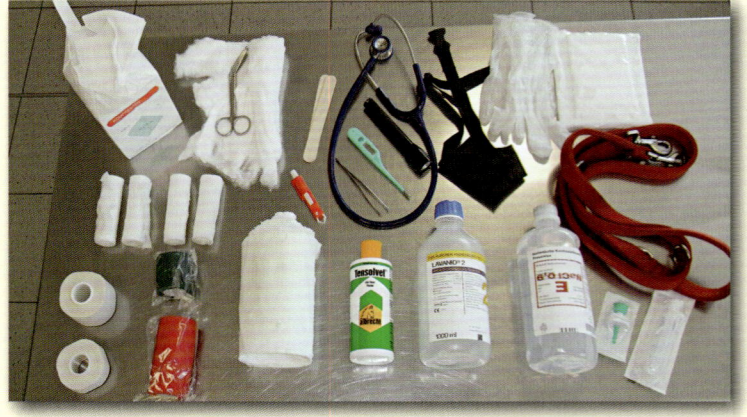

Wiederbelebung

Beatmung

Ähnlich wie beim Menschen erfolgt die Wiederbelebung beim Hund durch Beatmung von Mund zu Nase und durch Druckmassage. Legen Sie den Hund auf die Seite und überprüfen Sie, ob die Atemwege frei sind. Ist das der Fall und die Atmung setzt trotzdem nicht wieder ein, beginnen Sie mit der Mund zu Nase Beatmung. Schließen Sie den Fang Ihres Hundes und atmen Sie durch den Mund in die Hundenase, etwa zwanzig Mal pro Minute.

Herzdruckmassage

Bei fehlendem Herzschlag beginnen Sie mit der Herzmassage. Legen Sie eine Hand flach auf den Brustkorb, etwa zwischen dritter und sechster Rippe. Nun drücken Sie mit der anderen Hand kräftig auf die untere. Tun Sie dies etwa 80 Mal in der Minute. Haben Atmung und Herzschlag ausgesetzt, müssen Sie beide Wiederbelebungsmaßnahmen koordinieren, es sei denn, eine zweite Person kann eine Aufgabe übernehmen. Wechseln Sie die Maßnahmen mehrmals in der Minute, am besten zwei Atemzüge und dann acht Druckstöße. Eine möglichst schnelle tierärztliche Versorgung ist selbstverständlich anzustreben.

Ersticken

Ausgelöst werden Erstickungsanfälle zumeist durch steckengebliebene Fremdkörper beziehungsweise durch Wespenstiche im Rachenraum oder durch allergische Reaktionen. Versuchen Sie die Ursache herauszufinden, indem Sie den Fang Ihres Beagles öffnen und die Zunge nach vorn ziehen. Ist ein Fremdkörper die Ursache, versuchen Sie diesen manuell zu entfernen. Hilfreich kann es auch sein, den Hund mit dem Kopf nach unten zu halten, sodass der Gegenstand herausrutscht. Handelt es sich um eine allergische Reaktion, helfen Antihistamine und ein umgehender Besuch beim Tierarzt, der auch bei Wespen- oder ähnlichen Stichen im Rachenraum schnellstens vorgenommen werden muss.

Erste Hilfe beim Hund

Insektenstiche

Wie bereits erwähnt, sollten Sie bei Allergikern und bei Stichen im Rachenraum sofort zum Tierarzt gehen. Hat eine Wespe oder Biene Ihren Hund in die Pfote gestochen, entfernen Sie den Stachel gegebenenfalls mit einer Pinzette, desinfizieren die Wunde und kühlen die betroffene Stelle – sofern Ihr Hund dies zulässt. Auch bei Stichen in die Lefze kann entsprechend verfahren werden. Kommt es vor allem bei Stichen im Kopfbereich zu starken Schwellungen, deutet das auf eine allergische Reaktion hin und ein sofortiger Tierarztbesuch ist unumgänglich.

Ertrinken

Zwar können Hunde in der Regel schwimmen, doch wenn Ihr Hund längere Zeit unter Wasser war und dieses in die Lunge bekommen hat, ist schnelles Eingreifen lebensnotwendig. Entfernen Sie als Erstes etwaige Fremdkörper aus dem Rachenraum, nehmen Sie Ihren Beagle an den Hinterläufen hoch und lassen Sie das Wasser aus der Lunge laufen. Anschließend sind gegebenenfalls Wiederbelebungsmaßnahmen durchzuführen.

Vergiftungen

Bei Vergiftungen ist es wichtig, die Ursache festzustellen, um beim sofortigen Tierarztbesuch Hilfestellung für die nötige Behandlung geben zu können. Erbrechen und Durchfall gehören neben vermehrter Speichelabgabe sowie Krämpfen zu typischen Anzeichen einer Vergiftung. Vergessen Sie nicht, dass auch Schokolade, vor allem jene mit hohem Kakaoanteil, für Hunde giftig ist.

Bissverletzungen/Blutungen

Handelt es sich um eine oberflächliche Verletzung, können Sie die Wunde reinigen und desinfizieren. Achten Sie darauf, dass die Wunde nicht verklebt und entfernen Sie gegebenenfalls das Fell an den Wundrändern. Mit einem Verband können Sie die Wunde vor erneuten Verschmutzungen schützen. Stärkere Blutungen müssen durch das Anlegen einer Kompresse gestoppt werden. Bei Blutungen an den Ohren hilft es, eine Kompresse auf die blutende Stelle zu legen, das Ohr zwischen die Finger zu nehmen und Druck auf die blutende Stelle auszuüben. Tiefe, stark blutende Wunden gehören unverzüglich in die Hände eines Tierarztes. Dies gilt auch für kleinere Verletzungen, sobald sich Anzeichen einer Entzündung zeigen.

Hitzschlag

Immer wieder erleiden Hunde Hitzschläge, weil sie im Sommer von ihren Besitzern im Auto zurückgelassen werden. Auch wenn Sie im Schatten geparkt haben, sollten Sie daran denken, dass die Sonne wandert. Und selbst im Schatten kann sich der Innenraum Ihres Wagens erheblich aufheizen. Aber auch im Freien kann ein Beagle einen Hitzschlag erleiden, wenn er zu lange der direkten Sonneneinstrahlung ausgesetzt ist, ohne die Möglichkeit zu haben, Schatten aufzusuchen. Anfängliche Symptome sind schnelle, flache Atmung verbunden mit erhöhtem Puls. Die Körpertemperatur ist ebenfalls deutlich erhöht, häufig tritt Bewusstlosigkeit ein. Sie müssen die Körpertemperatur Ihres Hundes schnellstens herabkühlen. Legen Sie ihn in den Schatten und übergießen Sie ihn mit kühlem Wasser. Gehen Sie anschließend sofort zum Tierarzt.

Schock

Auch Schockzustände, etwa infolge einer Verletzung mit hohem Blutverlust, sind lebensbedrohlich. Neben flacher Atmung liegt eine niedrige Körpertemperatur vor, die Pupillen sind deutlich erweitert, der Hund ist apathisch. Halten Sie Ihren Beagle warm und suchen Sie schnell Ihren Tierarzt auf. Auch Rescue-Tropfen können als Erste-Hilfe-Maßnahme gegeben werden. Versuchen Sie, bei allen Hilfsmaßnahmen ruhig zu bleiben, überlegt vorzugehen und Zuversicht auszustrahlen, um Ihren Hund nicht noch stärker zu belasten. Sprechen Sie mit Ihrem Hund, damit er merkt, dass Sie sich um ihn kümmern und er sich auf Ihren Beistand verlassen kann.

Beagle sind clever, begeisterungsfähig und verfressen. Beste Voraussetzungen also, um sie mit Lob und Leckerchen zu erziehen. Allerdings haben sie auch ihre eigenen Vorstellungen, was noch alles Spaß im Hundeleben macht und das stimmt sicher nicht immer mit Ihren Ideen überein. Seien Sie konsequent und kreativ und zeigen Sie Ihrem Beagle, dass Sie der spannendste Mensch auf Erden sind. Dann klappt es mit der Erziehung ganz nebenbei.

Welpengruppen und Hundeschulen

Es empfiehlt sich, mit seinem Hund in eine Hundeschule zu gehen, denn dann hat man es mit der Erziehung leichter. Sie bekommen hier die Möglichkeit, unter Aufsicht eines professionellen Hundetrainers zu üben, und können sich mit anderen Hundebesitzern austauschen. Das dürfen und sollten Sie bereits mit Ihrem Welpen in Angriff nehmen, denn die Erziehung kann nie früh genug beginnen! Viele Vereine bieten Welpentreffen an, bei denen Ihr Hund sein Sozialverhalten festigt und Sie ihm erste Grundregeln beibringen können. Achten Sie bei diesen Welpentreffen jedoch bitte darauf, dass sie Ihren Hund nicht überfordern und er von größeren und schwereren Artgenossen nicht unterdrückt wird.

Schon die ganz Kleinen lernen in Welpengruppen spielerisch, wie man sich anderen Hunden gegenüber benimmt.

Lieber kurz und oft

Erziehungsübungen sollten anfangs nur kurze Zeit in Anspruch nehmen und von Ihnen über den ganzen Tag verteilt werden. Ihr Hund sollte Spaß beim Lernen haben. Achten Sie also darauf, dass die Übungen immer wieder von Spielphasen und Knuddelrunden unterbrochen werden und beenden Sie jede Übung mit einem Erfolg und entsprechendem Lob.

Konsequenz ist gefragt

Bei der Hundeerziehung ist Konsequenz das A und O. Ohne Konsequenz machen Sie sich das Leben schwer, denn Ihr Hund begreift nicht, wenn sein Verhalten einmal erlaubt und ein anderes Mal verboten ist. Infolgedessen wird er immer wieder versuchen, seine Grenzen auszutesten. Setzen Sie ihm klare Grenzen und bleiben Sie Ihrer Linie treu: Einmal verboten ist immer verboten, einmal erlaubt ist immer erlaubt. Generell sollte Ihre ganze Erziehung aus möglichst klaren, knappen Signalen bestehen, die von allen an der Ausbildung des Hundes beteiligten Personen gleichermaßen genutzt werden. Den goldenen Mittelweg zwischen Strenge und Nachgiebigkeit zu finden, ist deshalb so wichtig, damit Ihr Hund seine Stellung in Ihrem Familienverband finden und einnehmen kann.

Die Sache mit der Rangordnung

Das hat allerdings nichts mit der Bildung einer Rangordnung zu tun. Die Rangordnung wird bei Caniden grundsätzlich nur innerartlich gebildet. Auch innerhalb eines Wolfrudels gilt das Rangordnungsmodell nach Ziemen mit einem Alpha-Männchen und einem Alpha-Weibchen als veraltet. Ein Wolfsrudel ist vielmehr ein Familienmodell mit erwachsenen Elterntieren, die die Aktivität der Gruppe lenken. Die Führung der Gruppe wird hierbei durch ein System der Arbeitsteilung untereinander aufgeteilt. Die Mensch-Hund-Beziehung kann also nicht darin bestehen, dass der Mensch als „Alpha-Tier" seinen Hund dominiert, sondern sollte auf einer freundschaftlichen, souveränen und fairen Führung basieren.

Info Dominanz

Grundsätzlich ist die Dominanz eines der umstrittensten Themen im Bereich der Hundeerziehung und oftmals falsch verstanden und dargestellt worden. Dominanz ist keine feststehende Eigenschaft, sondern wird situationsbezogen gezeigt und ist ein dynamischer Prozess zwischen zwei oder mehreren Individuen. Geraten Sie also nicht sofort in Panik, wenn Ihr Beagle einmal zu stark an der Leine zieht, vor Ihnen durch eine Tür gehen sollte oder Ihr Rüde etwas häufiger und länger sein Bein hebt. Sie haben kein hoffnungslos dominantes Tier erworben, bei dem jegliche Erziehung verloren wäre. Gerade zum Thema Urinieren sollte bekannt sein, dass es außer zum Markieren auch als Beschwichtigungssignal eingesetzt wird, ein Hund in Stresssituationen pinkelt oder – man höre und staune – oftmals einfach nur der Stoffwechsel ursächlich sein kann.

Spaziergänge

Um die Bindung zu seinem Hund zu verbessern, sollte man in jeder Situation versuchen, ihm Aufmerksamkeit zu schenken. Dementsprechend sollten Sie auch beim Spazierengehen viele gemeinsame Elemente einbauen und Ihren Hund nicht einfach nur nebenher laufen lassen. Sie könnten beispielsweise zusammen mit ihm auf Klettertour gehen, gemeinsam sprinten oder planschen. Die Schnittmenge zwischen Mensch und Hund während des Spazierengehens ist oftmals sehr ge-

Auch Ruhepausen
werden gemeinsam
genossen.

ring und beschränkt sich auf Komman-
dos, Verbote und Anweisungen. Durch
gemeinsame Aktionen, Spiele, Blickkontakte und Berührungen sollte sie
erweitert werden, was dazu führt, dass
die Konzentration des Hundes beim
Spazierengehen mehr auf Sie gerichtet
ist. Das unerwünschte Jagdverhalten,
das bei einem Beagle natürlicherweise
vorhanden ist, kann hierdurch unter
Umständen etwas besser kontrolliert
werden. Hat jedoch der Jagdhund
Beagle eine Fährte in der Nase, muss Ihnen klar sein, dass ihn all diese Maßnahmen nicht daran hindern werden,
der Fährte aufgeregt und spurlaut zu
folgen.

Leinenführigkeit
Läuft Ihr Hund an der Leine, sollten Sie
darauf achten, dass er nicht zieht, sondern die Leine locker durchhängt. Geführt wird der Hund normalerweise an
Ihrer linken Körperseite. Es ist außerordentlich wichtig, dem Hund von Anfang an zu vermitteln, dass der Spaziergang nicht weitergeht, wenn Zug auf
der Leine ist. Tempo und Richtung werden von Ihnen bestimmt. Widersetzt
sich Ihr Hund, indem er an der Leine

Idealerweise läuft der
Hund an der lockeren
Leine an der linken
Körperseite.

zerrt oder sich einfach hinsetzt, bleiben Sie stehen und versuchen, ihn dazu
zu bewegen, den Spaziergang an Ihrer
Seite fortzusetzen. Das „Bei-Fuß-Gehen" funktioniert am besten, wenn Sie
mit Ihrem Hund sprechen und die Aufmerksamkeit mit Leckerlis auf sich
lenken.

Alleinbleiben

Gerade als geselliger Meutehund bleibt der Beagle sehr ungern allein. Trotzdem muss er lernen, ab und zu allein zu bleiben. Er muss begreifen, dass er nicht für immer verlassen wird, wenn Sie etwa zum Einkaufen gehen. Verlassen Sie das Zimmer, in dem sich der Welpe befindet, für kurze Zeit; am besten nach einem langen Spaziergang oder nach einem ausgiebigen Spiel, wenn Ihr Hund müde ist. Sollte er trotzdem beginnen, zu wimmern und an der geschlossenen Zimmertür zu kratzen, gehen Sie nicht zurück, um ihn zu trösten. Das würde ihn in seinem Verhalten nur bestätigen. Warten Sie, bis das Jammern und Kratzen aufgehört hat. Dann gehen Sie zurück, loben ihn nicht überschwänglich, sondern fahren mit Ihrem Alltag fort, so, als wäre nichts Besonderes gewesen. Die kurzen Phasen des Alleinbleibens (anfangs nur Minuten) können Sie nun täglich etwas verlängern. Verabschieden Sie sich von Ihrem Hund immer mit den gleichen Worten. Zur Ablenkung ist es außerdem ratsam, ihm beim Verlassen der Wohnung einen Kauknochen oder Ähnliches anzubieten. Das beschäftigt ihn während Ihrer Abwesenheit, lenkt ihn von seiner Einsamkeit ab und hindert ihn eventuell auch daran, etwas aus Protest kaputt zu machen oder lautstark zu protestieren.

Warum Hunde spielen

Spiel bringt unmittelbare Energie- und Risikokosten mit sich, denn es birgt die Gefahr physischer Verletzungen und kann zu ernsthaften Auseinandersetzungen eskalieren. Spielende Tiere sind einerseits weniger aufmerksam gegenüber Umweltfaktoren und bemerken potenzielle Feinde später, andererseits sind sie durch ihr Verhalten für diese Feinde oft sehr auffällig. Unmittelbare Vorteile des Spiels sind hingegen nicht zu erkennen. Warum also spielen unsere kleinen Welpen und auch viele Hunde im höheren Alter so gern und ausgiebig mit uns und miteinander? Da es sich um eine evolutionsstabile Verhaltensweise handelt, muss ein späterer Nutzen die offensichtlichen, unmittelbaren Kosten überwiegen. Allein der Faktor „Spaß" würde hier als Erklärung nicht ausreichen. Jungtiere müssen im Spiel Fähigkeiten erwerben, die ihnen als erwachsene Tiere Vorteile bringen. Hierzu zählen das physische Erlernen von Bewegungsabläufen, die Entwicklung kognitiver Fertigkeiten, der Erwerb eines plastischen Reaktionsvermögens und das Einüben sozialer Rollen. Spiel verhindert das Entstehen von Aggression innerhalb einer Gruppe und ist für die Entwicklung und Erhaltung von Bindungen und der

sozialen Organisation von großer Bedeutung. Letzteres bezieht sich sowohl auf Artgenossen als auch auf die Beziehung zwischen Ihnen und Ihrem Beagle.

Entspanntes Umfeld

Spiel erfolgt im entspannten Feld. Dieses wird den Welpen vorerst durch den Schutz der Mutter gewährt, der sie vor Feinden beziehungsweise Fremdeinwirkungen bewahrt. Auch später werden Sie bemerken, dass Ihr Hund nur dann spielt, wenn er sich wirklich sicher fühlt. Eine entspannte Umgebung bietet die besten Voraussetzungen für Lernereignisse. Kämpferische Interaktionen können unter dem „Schutzmantel" des Spiels ohne Gefahr der Eskalation zur Beißerei geprobt und ihre Bedeutungen erlernt werden. Welpen erfahren, während sie spielerisch interagieren, welche Verhaltensweisen ihnen ein Weiterspielen garantieren und welche das Spiel beenden. Auch Sie sollten das im Spiel mit Ihrem Welpen deutlich machen. Wird er Ihnen zu grob, brechen Sie das Spiel sofort ab. Schimpfen oder bestrafen Sie ihn nicht. Er wollte Sie keineswegs verletzen. Verlassen Sie einfach die Situation ohne Kommentar. Ihr Hund lernt dadurch, sein Gebiss und seine Pfoten entsprechend sanft einzusetzen, und wird Sie sicher bald wieder zu einer neuen Spielrunde auffordern.

Spielsignale

Um die im Spiel gezeigten Verhaltensweisen aus Kontexten wie Beutefang, Verteidigung und Fortpflanzung richtig interpretieren zu können, ist es für alle Beteiligten wichtig, ihre Spielabsicht zu demonstrieren und ein gegenseitiges Spieleinverständnis deutlich zu machen. Verhaltensweisen, die ein Spiel initiieren oder dessen Aufrechterhaltung fördern, werden von den Tieren deshalb als Spielsignale eingesetzt. Hierzu gehören die Vorderkörper-Tiefstellung, das Spielbeißen, Vorderpfotenaktivitäten („pföteln"), Beißschütteln, Hopsen, Stupsen und vieles mehr.

Auch Spiellaute wie Bellen und Knurren gehören beim Hund zu oft eingesetzten Spielsignalen. Das gegenseitige Spieleinverständnis äußert sich zudem im häufigen Rollenwechsel.

Spielformen

Spielverhalten wird in unterschiedliche Spielformen eingeteilt. Bei hundeartigen Tieren unterscheidet man traditionell zwischen Solitärspieler, (Spiele mit dem eigenen Körper, Bewegungsspiele ohne Artgenossen), Spiele mit Objekten, also unbelebten, beweglichen Gegenständen, und Sozialspiele mit einem oder mehreren Partnern. Zu Letzteren gehören Flucht-, Beiß- und Kampfspiele, sexuelle Spiele sowie Kommunikationsspiele. Natürlich können alle Spielformen auch miteinander kombiniert auftreten.

Lob und Tadel

Die Erziehung Ihres Beagles sollte auf positiver Verstärkung erwünschter Verhaltensweisen und nicht auf der Bestrafung unerwünschten Verhaltens beruhen. Bisweilen werden Sie jedoch trotzdem nicht darum herumkommen, Ihren Hund bestrafen zu müssen. Bei der Bestrafung kann man zwischen indirekter und direkter Strafe unterscheiden.

Beaglewelpen erkunden ihre Umgebung auch mit den Zähnen.

Die indirekte Strafe wird vom Hund nicht unmittelbar mit dem Besitzer verknüpft. So ist es beispielsweise möglich, doppelseitiges Klebeband oder sperrige Gegenstände auf der Couch zu platzieren, um den Hund daran zu hindern, darauf Platz zu nehmen. Eine weitere indirekte Strafe ist das Ignorieren unerwünschter Verhaltensweisen, sodass der Hund mit diesem Benehmen keine Aufmerksamkeit erlangt und somit nicht zum Erfolg kommt.

Die direkte Strafe wird vom Hund unmittelbar mit dem Besitzer verbunden. Diese Bestrafung darf nicht härter als ein kurzer Schnauzengriff sein. Darüber hinaus sollte sie zusammen mit einem festgelegten Markerwort erfolgen, das später die eigentliche Strafe ersetzt. Wichtig ist sowohl bei Bestrafung als auch beim Lob, dass beides unverzüglich nach der unerwünschten beziehungsweise erwünschten Verhaltensweise erfolgt, da der Hund sonst nicht mehr verknüpfen kann, wofür gestraft oder gelobt wurde.

Primäre und sekundäre Verstärker
Die moderne Hundeausbildung verzichtet auf Erziehungsmethoden, die sich einer strengen Unterordnung mit Bestrafung bedienen. Wer seinen Hund nur durch den Einsatz von Zwangsmitteln wie Teletakt oder Stachelhalsband ausbilden kann und will, hat offen-

> ## Tipp | Richtig loben
> Beachten Sie, wie Sie Ihren gehorsamen Beagle loben. Hin und wieder kann man gerade bei unerfahrenen Hundebesitzern beobachten, wie sie das brave Tier in überschwänglicher Freude umarmen, erdrücken oder ihm als Belohnung kräftig auf den Kopf oder die Rippen klopfen. Versetzen Sie sich einfach in die Lage Ihres Hundes und tun Sie nur das, was auch Sie als angenehm empfinden würden.

sichtlich ein Problem mit dem eigenen Ego und in der Hundeerziehung nichts zu suchen! Die Erziehung eines Hundes verläuft am erfolgreichsten, wenn man das Tier über primäre und sekundäre Verstärker motiviert. Unter primären Verstärkern versteht man belohnende Handlungen, deren Bedeutung der Hund nicht erlernen muss. Hierzu zählen unter anderem Belohnung durch Futter, Spielzeug, gemeinsames Spiel oder Streicheleinheiten. Die Bedeutung der sekundären Verstärker muss vom Hund erst gelernt werden, indem er die Signale mit einer Belohnung verknüpft. Hierzu gehören etwa bestimmte Belohnungsworte wie „Fein" oder „Prima" – mit hoher Stimme gesprochen –, Belohnungsgesten oder der Clicker.

Lob und Tadel müssen immer in direktem zeitlichem Zusammenhang mit der Aktion Ihres Hundes stehen.

Spaziergänge sollten durch gemeinsame Spiele und Aktionen bereichert werden.

Verständigung zwischen Mensch und Hund

Bevor Sie sich nun an die Erziehung Ihres Hundes machen, lohnt es sich, noch einmal kurz über das Thema „Kommunikation" zwischen Hund und Mensch nachzudenken. Wir haben die Möglichkeit, uns unserem Hund über Sprache, Gestik, Mimik, Berührung und Blickkontakte mitzuteilen. Bei der Verständigung von Mensch und Hund sollte man jedoch beachten, dass beide Individuen unterschiedliche Signalkanäle zur Kommunikation verwenden. Beim Menschen verläuft die Kommunikation hauptsächlich über die Lautgebung, während sie beim Hund primär über die Körpersprache abläuft. So passiert es immer wieder, dass wir unserem Hund akustisch zu verstehen geben, dass er zu uns kommen soll, unsere Körpersprache ihm jedoch etwas ganz anderes mitteilt. Es lohnt sich, die Hundesprache zu lernen und die Erziehung nicht nur auf vokaler Kommunikation aufzubauen, sondern auch die Körperhaltung einzubeziehen.

Leise Töne

Bedenken Sie, dass ein Hund abhängig von Rasse, Alter und Frequenz der Töne vier- bis zwanzigmal besser hört als der Mensch. Demnach sollten Sie nur ganz bewusst und eher selten Ihre Stimme heben; zumal Hunde auf leise Töne aufmerksamer reagieren, da diese evolutiv für sie eine nahe Beute oder einen unweiten Feind bedeuten, während sie das „brüllende Herrchen" eher meiden um dem Konflikt aus dem Weg zu gehen beziehungsweise diesen zumindest nicht zu verschärfen. Sie können sich sicher bildlich vorstellen, wie ein Hundebesitzer mit hochrotem Kopf immer wütender und lauter wird, weil sein Hund nicht folgt, dieser jedoch rein instinktiv – und nicht um den Besitzer zu ärgern – diese bedrohlich erscheinende Situation umgehen möchte und erst recht nicht kommt. Wenn Sie einen gehorsamen und abrufbaren Hund möchten, sollten Sie kurze prägnante Worte verwenden, die Sie nicht zu laut äußern, und unbedingt auf Ihre Körpersprache achten, da der Hund ein Meister im Beobachten ist.

„Sitz" und „Platz" gehören zum kleinen 1x1 der Hundeerziehung.

Das Einmaleins der Hundeerziehung

Wenn Sie Ihren Hund erziehen, achten Sie darauf, dass Ihre Signale klar und deutlich sind. Verwenden Sie eindeutige, knappe Wörter und unterstützen Sie diese mit entsprechenden Handzeichen. Beim Vermitteln der Signale sollten Sie Geduld und Ausdauer beweisen. Viele Übungseinheiten sind notwendig, bis Ihr Hund erfasst hat, was Sie von ihm wollen. Wenn Ihr Hund begriffen hat, worum es geht, sollten Sie darauf achten, dass Ihr Beagle beim ersten Mal reagiert. Wiederholen Sie Ihr Kommando mehrere Male, lernt der Hund, dass es ausreichend ist, wenn er erst beim dritten oder vierten Signal folgt. Gehorcht Ihr Hund nicht gleich beim ersten Mal, müssen Sie sanft aber bestimmt durchsetzen, dass das Signal mit Ihrer Hilfe und Anleitung dennoch befolgt wird. Es ist wichtig, jede Übung mit einem Erfolg und anschließendem Lob abzuschließen, damit Lernen auch in der Zukunft für Ihren Beagle atraktiv bleibt.

Sitz

Das Signal „Sitz" wird erst zu Hause in gewohnter Umgebung ohne Ablenkung geübt, bevor Sie es auf der Straße anwenden können. Das Hinsetzen auf Signal wird der Welpe recht schnell erlernen. Sie werden bemerken, dass Ihr Beagle sich in bestimmten Situationen automatisch hinsetzen wird. Beispielsweise wenn er sich neben Sie setzt, während Sie sein Fressen vorbereiten. Meist reicht es schon aus, wenn Sie in solchen Situationen sein Hinsetzen mit einem freudigen „Sitz" kommentieren und Ihren Hund mit einem Leckerchen belohnen. Selbstverständlich muss das Signal zeitgleich mit der Aktion des Hinsetzens erfolgen. Lassen Sie Ihren Hund nun in bestimmten Situationen, zum Beispiel bevor Sie ihm das Fressen hinstellen oder Sie ihn anleinen, regelmäßig „Sitz" machen. Ist das Erlernte gefestigt, können Sie es auch draußen anwenden. Hier sollten Sie Ihren Hund aus Sicherheitsgründen unbedingt vor jeder Überquerung einer Straße „Sitz" machen lassen, was einer Lebensversicherung gleichkommt.

Hilfestellung für den Anfang

Sollte Ihr Welpe das Signal anfangs nicht ohne Ihre Hilfe ausführen, können Sie auch ein Leckerli vor seine Schnauze halten und dieses langsam über seinen Kopf nach hinten führen. Um es zu bekommen, wird der Hund

dem Hundekuchen folgen und so automatisch eine sitzende Position einnehmen. Sobald er das tut, geben Sie Ihr Hörzeichen „Sitz" und unterstützen dieses mit einem Handzeichen. Üblich ist der erhobene Zeigefinger, der etwa in Brusthöhe gehaltenen Hand.

Platz

Wie auch beim Signal „Sitz" lernt der Welpe das Hinlegen auf Kommando am besten, wenn Sie es in den Situationen belohnen, in denen er es von sich aus zeigt. Verbinden Sie das Hinlegen des Hundes mit dem Hörzeichen „Platz" und einem kräftigen Lob. Sie können Ihren Beagle jedoch auch selbst in die „Platz"-Position locken. Lassen Sie ihn zunächst „Sitz" machen und knien Sie sich vor Ihren Hund. Anschließend nehmen Sie ein Leckerli zwischen zwei Finger und halten es, mit der Handfläche nach unten zeigend, vor seine Nase. Dadurch zeigen Sie auch gleich das übliche Handzeichen – die nach unten gerichtete Handfläche. Führen Sie den Hundekuchen nun am Boden zwischen

seinen Vorderpfoten von ihm weg. Um ihn zu ergattern, wird der Hund Ihrer Hand folgen und somit automatisch in die „Platz"-Position gelangen. Ist dies geschehen, erfolgt Ihrerseits sogleich das Hörzeichen „Platz" und wie gewohnt die sofortige Belohnung. Hat Ihr Beagle das Signal „Platz" verinnerlicht sollte es anschließend möglich sein, dass Sie ihm im Stehen das Signal geben und er sich hinlegt. Verlängern Sie allmählich die Zeit des Abliegens und Ihren Abstand zum Hund.

Down

Nun können Sie diese Übung bei Bedarf erweitern, indem Sie Ihren Beagle dazu bringen, nicht nur seinen Körper, sondern auch seinen Kopf abzulegen. Dieses Kommando – „Down" oder „Halt" genannt – wird bei jagdlichen Übungen benötigt. Für „Halt" oder „Down" wird der rechte Arm gehoben, die Handfläche weist zum Hund.

Bleib

Das „Bleib" wird erst geübt, wenn der Hund „Sitz" beherrscht. Entfernen Sie sich von Ihrem sitzenden Hund wenige Schritte, indem Sie rückwärts gehen und dabei das Lautsignal „Bleib" geben. Brechen Sie die Übung nach kurzer Zeit ab, indem Sie wieder zu Ihrem Hund gehen, ihn loben und aufstehen lassen. Bauen Sie nach und nach die Dauer des

„Sitz" aus und erhöhen Sie die Entfernung zum Hund. Beherrscht Ihr Hund die Signale „Platz" oder „Halt", wird „Bleib" auch in diesen Positionen entsprechend geübt. Ziel ist es, dass Ihr Hund nach dem „Bleib" mehrere Minuten in „Sitz" oder „Platz" verharrt – und dies schließlich auch ohne Sichtkontakt zu Ihnen.

Komm/Hier

Ein weiteres, ganz wichtiges Signal, das Ihr Hund beherrschen und befolgen sollte, ist der Rückruf. Legen Sie sich auf ein Hörzeichen fest. Ich empfehle „Hier", was mit hoher Stimme und langem „i" eindringlich gerufen werden kann. Fangen Sie mit den Übungen an, sobald der Welpe ein paar Tage bei Ihnen ist. Sind Sie zu zweit, können Sie das Signal beim Füttern üben. Während Sie sich mit dem vollen Futternapf entfernen, hält die zweite Person den aufgeregten Beagle am Halsband. Rufen Sie ihn zu sich. Er wird freudig angestürmt kommen. Vermeiden Sie möglichst, dass der Welpe an Ihnen hochspringt. Setzen Sie den Futternapf gegebenenfalls vorher ab, doch sobald Ihr Hund das Signal „Sitz" kennt, lassen Sie ihn sitzen, bevor Sie die Futterschüssel abstellen. Üben Sie das Heranrufen zuerst wieder im Haus, später im Freien. Achten Sie anfangs darauf, dass Ihr Welpe immer eine Belohnung bekommt.

Das Kommando „Bleib" kann in der „Sitz"- oder „Platz"-Position geübt werden.
Aufgelöst wird das „Bleib" durch ein fröhliches, langgezogenes „Hier", das anfangs durch eine motivierende Körperhaltung unterstützt wird.
Ganz wichtig ist überschwängliches Lob am Ende der erfolgreichen Übung.

Das Abrufen aus dem Spiel heraus ist eine Übung für Fortgeschrittene.

Knifflige Situationen vermeiden

Vermeiden Sie es, Ihren Hund abzurufen, wenn er stark abgelenkt ist; das klappt erst, wenn er das Signal stark verinnerlicht hat. Tobt Ihr Beagle mit einem anderen Hund, passen Sie einen Moment ab, in dem Sie Blickkontakt zu ihm haben, und koppeln Sie das Hörzeichen „Hier" mit dem Sichtzeichen, indem Sie den erhobenen rechten Arm in Richtung Ihres Oberschenkels führen. Es macht wenig Sinn, das Signal mehrfach hintereinander zu geben, sollte Ihr Beagle es am Anfang ignorieren. Der Hund lernt höchstens, dass es nicht nötig ist, beim ersten Mal zurückzukommen. Erleichtern Sie es ihm, indem Sie die Entfernung verringern und einen günstigen Zeitpunkt abwarten. Gibt es bei dieser Übung größere Probleme, kann man den Hund an einer langen Feldleine laufen und spielen lassen. Jetzt haben Sie die Möglichkeit, den Hund durch einen leichten Ruck aufmerksam zu machen und gegebe-nenfalls zu sich heranzuziehen. Wenn Sie jedoch die Übungen geschickt in kleinen Lernschritten aufbauen, kommen Sie auch ohne dieses Hilfsmittel aus. Für den Hund ist die Erfahrung wichtig, dass es sich lohnt, zu Ihnen zu kommen. Anfangs bekommt er eine Belohnung, später reicht oft ein Lob aus. Dennoch sollte es hin und wieder ein Leckerli geben.

Kommen auf Pfiff

Die Signale „Halt/Down" und „Hier/Komm" lassen sich zusätzlich auch mit einer doppelseitigen Hornpfeife ausführen. Der Triller entspricht dem Lautzeichen „Halt/Down", der glatte Pfiff dem „Hier/Komm". Koppeln Sie anfangs den Pfiff mit dem entsprechenden Sichtzeichen, damit Ihr Hund weiß, was von ihm erwartet wird. Gerade in unübersichtlichem Gelände und bei größerer Entfernung ist der Pfiff deutlicher als die menschliche Stimme. Pfeifen Sie immer auf die gleiche Weise, nicht einmal mit einem Doppelpfiff, das nächste Mal kurz, lang, kurz. Sie sollen Ihrem Hund nicht morsen, vielmehr soll dieser Ihren Pfiff jederzeit wiedererkennen.

Lauf

Mit dem Signal „Lauf", manchmal auch „Lauf voraus", heben Sie andere Signale wieder auf, Ihr Hund hat Freizeit. Um zu vermeiden, dass er Sie bei deren Gestaltung vergisst, sollten Sie Ihn immer mal wieder zu sich rufen. Löst sich Ihr Hund nicht von Ihnen, beim Beagle eher unwahrscheinlich, können Sie das „Lauf" mit einer ausschweifenden Armbewegung unterstützen oder auch ein Spielzeug werfen.

Tipp | **Selbstbeherrschung**

Verlieren Sie nie die Geduld und lassen Sie sich Ihren Ärger keinesfalls anmerken, wenn Ihr Hund das Signal nicht befolgt. Kein Hund nähert sich gern jemandem, der ihm allem Anschein nach übel gesonnen ist. Oder gehen Sie gern zu Ihrem schlecht gelaunten Chef ins Büro, wenn es nicht unbedingt sein muss?
Genauso sinnlos ist es, Ihrem Hund hinterherzulaufen und zu versuchen, ihn einzufangen. Zum einen ist Ihr Beagle allemal schneller und wendiger als Sie, zum anderen wird er Ihr Verhalten als Spielaufforderung ansehen.

Auch ein Beagle braucht Freizeit – und bei deren Gestaltung fällt ihm viel ein.

Bei Fuß

Das „Bei-Fuß-gehen" wird anfangs an der Leine geübt. Viele Beaglebesitzer klagen darüber, dass ihr Hund ständig zieht, anstatt an lockerer Leine neben ihnen herzulaufen. Dies liegt daran, dass der menschliche Bewegungsablauf nicht mit dem des Hundes übereinstimmt. Während wir uns in recht gemächlichem, gleichmäßigem Tempo bewegen, stürmt ein Hund voran, hält inne, um zu schnuppern, rennt weiter. Wollten Sie diesem Bewegungsmuster folgen, würde jeder Spaziergang wenig Spaß machen. Sie sollten also Ihren Hund dazu bringen, sich Ihren Bedürfnissen und Möglichkeiten anzupassen. Dazu versuchen Sie, seine Aufmerksamkeit auf sich zu lenken. Während Sie den angeleinten Hund mit der linken Hand führen, halten Sie ein Leckerli in der rechten – und zwar so, dass er es wahrnimmt; anfangs mehr oder weniger direkt vor seine Nase, später etwa in Höhe Ihres Bauchnabels, so dass der Hund zu Ihnen hochschaut. Jetzt geben Sie das Signal und gehen los. Nach einer kurzen Strecke bleiben Sie stehen, lassen den Hund „Sitz" machen, loben ihn und er erhält das Leckerli. Beginnt der Hund zu ziehen, bleiben Sie stehen und warten, bis er sein unerwünschtes Verhalten einstellt. Gehen Sie zügig, um Geschnüffel zu vermeiden, wechseln Sie häufiger Tempo und Richtung, damit Ihr Hund merkt, dass seine Aufmerksamkeit gefordert ist. Loben Sie korrektes Verhalten zwischendurch immer wieder, Leckerli werden jedoch immer seltener gegeben. Führen Sie diese Übungen regelmäßig durch und beginnen Sie so

Das „Bei-Fuß-gehen" lernt Ihr Beagle am besten, wenn Sie mit ihm sprechen und seine Aufmerksamkeit mit einem Leckerli auf sich ziehen.

früh wie möglich. Ist der Welpe erst ein paar Tage bei Ihnen, wird er Ihnen gern folgen und freiwillig „Bei-Fuß-gehen", wenn er merkt, wie viel Freude er Ihnen dadurch bereitet. Ist der Welpe an Spaziergänge an der Leine gewöhnt, können Sie auch Spaziergänge an Orten machen, die für den Hund neue Eindrücke bieten. Beziehen Sie belebte Straßen in Ihre Ausflüge ein, um den Hund an Verkehr zu gewöhnen.

Bei Fuß ohne Leine

Beherrscht Ihr Hund das „Bei-Fuß-an-der-Leine", können Sie nun das freie Folgen üben. Auch hier leistet ein Leckerli gute Dienste, um den Hund an Ihrer linken Seite zu halten. Wichtig ist, dass Sie diese Übungen nur in Gebieten ausführen, wo weder Gefahren durch Verkehr noch jagdliche Verleitun-

gen vorliegen, etwa in Parks oder Gartenkolonien. Denken Sie wieder daran, durch Tempo- und Richtungswechsel die Arbeit für Ihren Beagle interessant zu gestalten.

Steh

Bei diesem Signal soll Ihr Hund regungslos stehen bleiben. Das kann am Straßenrand Sinn machen, wenn man seinen Hund – etwa bei schlechtem Wetter – nicht „Sitz" machen lassen möchte. Auch auf Ausstellungen und beim Tierarzt kann dieses Signal zur Anwendung kommen.

Gib Aus

„Gib Aus" ist für Ihren Hund eine schwierige Gehorsamkeitsübung, da er etwas abgeben soll, das er als sein Eigen ansieht. Lassen Sie den Hund „Sitz" machen. Nehmen Sie den Gegenstand, den er im Fang hält, in die Hand. Lässt Ihr Hund auf das Lautsignal „Gib Aus" nicht los, fassen Sie mit der zweiten Hand von oben über den Fang und öffnen Sie diesen, indem Sie die Lefzen nach innen drücken. Loben Sie Ihren Hund, wenn er losgelassen hat, und belohnen Sie ihn mit einem Leckerli. Sie können ihm aber auch ein Lieblingsspielzeug geben und kurz mit ihm spielen. Benutzen Sie dieses Signal nur in diesem Kontext und nicht, wenn Sie von Ihrem Hund den Abbruch einer Aktion fordern. Verwenden Sie hierfür das Hörzeichen „Schluss".

Die Leine sollte locker duchhängen und der Hund soll sich Ihrem Tempo anpassen, keinesfalls umgekehrt. Bei den beiden auf dem Foto klappt es schon ganz vorbildlich.

Signale

Signal	Aktion des Hundes
„Komm"	Freudiges Herankommen zum Halter mit Vorsitzen, z.B. zum Anleinen.
„Sitz"	Sich hinsetzen und sitzen bleiben.
„Platz"	Sich hinlegen und liegen bleiben.
„Fuß"	Laufen am linken Bein des Halters. Leine hängt durch (oder ohne Leine).
„Bleib"	Hund bleibt sitzen oder liegen, auch wenn sich sein Halter entfernt, und wartet, bis dieser zurückkommt.
„Steh"	Hund steht ruhig und rührt sich nicht von der Stelle.
„Lauf"	Löst alle gegebenen Signale auf. Hund darf wieder laufen.
„Apport"	Hund wird zu einem Gegenstand geschickt, den er aufnehmen und zurückbringen soll.
„Gib Aus"	Hund gibt Gegenstand, den er im Maul hat, in die Hand seines Halters.

Handzeichen	Pfeifton

Arm seitlich nach oben strecken und seitlich auf den Oberschenkel fallen lassen.	Tüt-Tüt (Zwei kurze Pfiffe)
Zeigefinger nach oben ausgestreckt.	Tüüüt (langer Pfiff)
Ausgestreckte Handfläche, die zum Boden zeigt.	Triller
Handfläche klopft an Oberschenkel.	
Handfläche zeigt in Richtung des Hundes.	

Beagle sind sehr unternehmungslustig und zeigen Sportsgeist. Warum sollten Sie Ihre Freizeit nicht miteinander verbringen? Gehen Sie gemeinsam auf die Pirsch, erfinden Sie Spiele oder unternehmen Sie Abenteuerspaziergänge – allein oder mit Hundefreunden. Sie können aber auch Agility betreiben, beim Dog Dancing zusammen tanzen oder auf Ausstellungen wetteifern, wer der Schönste im ganzen Land ist. Vielleicht haben Sie ja auch Lust auf Beaglenachwuchs?

Hobbys für Hund und Halter

Bei der alltäglichen Beschäftigung mit Ihrem Beagle sollten Sie darauf achten, dass der Hund genügend Umwelterfahrungen sammelt und sich ausreichend sozialisiert. Gewöhnen Sie ihn an verschiedene Sozialpartner und unterschiedliche Situationen wie Straßenverkehr, Wald und Wiesen. Neben der Erziehung, spielerischen Beschäftigungen und ausgedehnten Spaziergängen stehen Ihnen und Ihrem Beagle noch weitere Möglichkeiten zur Verfügung, die Sie zu Ihrem gemeinsamen Hobby werden lassen können. Hierzu zählen unter anderem das Ausstellungswesen und die Zucht sowie sportliche Betätigungen wie Agility, Flyball und Dog Dancing. Sind Sie jagdlich interessiert, werden auch hier Ausbildungslehrgänge mit entsprechenden Prüfungen angeboten. Für den ein oder anderen kommt es vielleicht auch inf rage, seinen Beagle zum Therapie- oder Rettungshund auszubilden. Die Möglichkeiten sind zahlreich und können hier nicht alle hinreichend behandelt werden. Es empfiehlt sich, bei Interesse weitere Literatur hinzuzuziehen. Einige dieser Aktivitäten werden in den nächsten Abschnitten jedoch kurz beschrieben.

Tägliche Beschäftigung mit „seinem Menschen" ist für den Beagle lebenswichtig.

Die Jagd

Spätestens seit dem 16. Jahrhundert wird in Großbritannien die Beaglemeute zur Jagd auf Hasen eingesetzt. Bei dieser typisch britischen Sportart, dem „Beagling", folgen die Menschen den Hunden zu Fuß, im Gegensatz zu den berittenen „Rotröcken", die der schnellen Foxhoundmeute bei der Fuchsjagd folgen. Da die Haltung einer Beaglemeute und die Ausrichtung einer Jagd finanziell und räumlich deutlich geringere Ansprüche stellte, gab es relativ früh auch Meuten, die in bürgerlichem Besitz standen, während der Besitz der Foxhoundmeuten weitgehend auf den reichen Adel beschränkt war.

Jagden mit Meute und Pferd

Bis vor kurzem wurden diese Jagdveranstaltungen mit Beaglemeuten unter dem Patronat der „Association of Masters of Harriers and Beagles" durchgeführt. Inzwischen sind die Meutejagden auf lebendes Wild auch in Großbritannien offiziell verboten. In Deutschland gibt es einige wenige Beaglemeuten, die bei besonderen Anlässen auf einer künstlichen Duftspur zum Einsatz kommen. Hierbei reitet ein Fährtenleger voraus und legt mithilfe einer am Sattel befestigten Tropfflasche die Duftspur. In einigem Abstand folgt dann die vom Master und den Huntsmen begleitete Meute.

Der Beagle als Jagdbegleiter

Die überragende Nasenleistung, sein sicherer Spurlaut und unbedingter Fährtenwille haben den Beagle auch in der deutschen Jägerschaft Anerkennung finden lassen. Als kleiner, leicht im Haus zu haltender Jagdbegleiter eignet er sich sowohl für Drück- und Stöberjagden als auch für Nachsuchen. Allerdings sollte man bedenken, dass die wenigsten Beagle Wildschärfe zeigen, ihr Einsatz bei der Nachsuche auf wehrhaftes Wild also problematisch ist. Andererseits werden Beagle im jagdlichen Einsatz selten verletzt, da sie wendig sind und in der Regel nicht packen, sondern Abstand halten. Wer einen Beagle auf einer jagdlichen Veranstaltung erlebt hat, kann ermessen, mit welcher Freude und welchem Enthusiasmus diese Hunde ihre Arbeit verrichten.

Neben dem Führen als Jagdbegleiter bietet auch der Hundesport dem bewegungsfreudigen Beagle vielfältige Beschäftigungsmöglichkeiten.

Agility

Agility ist eine aus Großbritannien stammende Hundesportart, die in den letzten Jahren auch bei uns an Beliebtheit gewonnen hat. Durchgeführt wird Agility, was so viel wie Gewandtheit bedeutet, auf den Übungsplätzen von Hundeschulen und Hundesportvereinen. Im Mittelpunkt dieser Sportart steht ein Hindernisparcours, der von dem jeweiligen Hund unter Anleitung des Hundeführers möglichst schnell und fehlerfrei überwunden werden muss, vergleichbar mit dem Hindernisspringen im Pferdesport.

Der Parcours

Der Agility-Parcours wird auf einem Gelände von mindestens 20 m x 40 m aufgebaut und besteht aus 12 bis 20 Hindernissen, die in einer vorgegebenen Reihenfolge überwunden werden müssen. Die Streckenlänge liegt zwischen 100 m und 200 m. Der Hund soll nun ohne Hilfsmittel, nur durch Stimme und Gestik seines Hundeführers gelenkt, den Parcours möglichst fehlerfrei innerhalb einer festgelegten Standardzeit bewältigen. Gestartet wird in drei Leistungsklassen: Agility-1, Agility-2, Agility-3. Eine Disqualifikation erfolgt unter

anderem, wenn ein Hindernis ausgelassen oder in falscher Reihenfolge genommen wird. Fehlerpunkte gibt es neben der Überschreitung der Standardzeit, sobald der Hundeführer seinen Hund oder ein Hindernis berührt oder bei Verweigerungen und speziellen Hindernisfehlern. Der Hund muss beim Überwinden von Hindernissen mit Kontaktzone wie der Wippe, dem Lauf-

Der flinke, wendige Beagle liebt Agility.

steg und der Schrägwand mit mindestens einer Pfote das farblich gekennzeichnete Ende berühren, bevor er abspringt. Bei Sprüngen führen Abwürfe zu Strafpunkten, beim Slalom muss korrekt eingefädelt und jedes Tor durchlaufen werden. Gestartet wird auf Turnieren nicht nur nach Leistungs-, sondern auch in drei Größenklassen.

Info | Agility

Erstmals öffentlich wurde Agility anlässlich der größten Hundeausstellung der Welt gezeigt, der Crufts Dog Show, in den 70er Jahren. In Deutschland gibt es Agility seit Ende der 80er und seit Anfang der 90er Jahre finden Turniere nach einheitlichem FCI-Reglement statt.

„Wollen wir jetzt auf die
Jagd, zur Ausstellung
oder zum Hundesport?
Spaß macht uns alles."

Mit Turnierambitionen

Bevor Sie an Turnieren teilnehmen, sofern Sie das überhaupt anstreben, ist ein vernünftiger Grundgehorsam gefragt, da der Hund sofort auf Ihre Anweisungen reagieren muss. Anschließend werden einzelne Hindernisse geübt. Bei jungen Hunden wird sowohl auf den Slalom als auch auf Sprünge verzichtet, bis das Skelett ausgereift ist. Üben können Sie in Hundeschulen, Hundesportvereinen und auf den Hundeplätzen der Landesgruppen des Beagle Clubs. Die Teilnahme an Turnieren folgt später. Voraussetzung hierfür ist unter anderem eine anerkannte Begleithundprüfung und eine Gesundheitsbescheinigung des Hundes. Will man Leistungssport betreiben, sind Fitness und gesunde Hüften Grundvoraussetzung. Agility lässt sich aber nicht nur als Turniersport betreiben und bereitet Ihrem bewegungsfreudigen Beagle viel Freude.

Hundeausstellungen

Im Bereich des VDH gibt es zum einen Internationale und Nationale Rassehundeausstellungen, auf denen alle Rassen ausgestellt werden können und die in der Regel in Messehallen stattfinden. Zum anderen werden von den Hundevereinen, in unserem Fall also vom Beagle Club Deutschland, Ausstellungen für die jeweilige Rasse organisiert, die oft im Freien, etwa auf Hundeübungsplätzen, ausgerichtet werden. Für einen Neuling sind Letztere sicherlich stressfreier als laute Messehallen. Auf diesen Veranstaltungen erhält jeder Hund von einem ausgebildeten Spezialrichter eine Formwertnote und einen Bericht, aus dem seine Vorzüge und Fehler hervorgehen. Bewertet werden unter anderem anatomische Korrektheit, der rassetypische Ausdruck, Gangwerk und Wesen. Die Beurteilung erfolgt auf der Grundlage des gültigen

Rassestandards, in dem der Idealtypus beschrieben ist. Neben der Bewertung durch einen Experten bieten Ihnen Ausstellungen die Möglichkeit, Ihren Hund mit anderen zu vergleichen und Gespräche mit Gleichgesinnten zu führen. Züchtern geben die Berichte zudem Hinweise über die Qualität ihrer Zuchthunde. Vergessen Sie aber nicht, dass auch Richter nur Menschen sind und der Rassestandard auch eine gewisse Interpretation zulässt. Erst nach dem Besuch mehrerer Ausstellungen werden Sie ein fundiertes Bild von der Qualität Ihres Hundes erhalten.

Gut vorbereitet!

Wie bei allen anderen Aktivitäten gilt auch für Ausstellungen: Sinn und vor allem Spaß macht es nur, wenn auch Ihr Hund Freude daran hat. Wichtig ist jedoch auch, dass Sie sich und Ihren Hund auf die Ausstellung vorbereiten. Hierzu können Sie Tipps bei Ihrem Züchter, dem Verein oder bei anderen Ausstellern einholen. Ausgestellt werden die Hunde an einer dünnen Vorführleine, die möglichst wenig von der Halspartie verdeckt, Ihnen aber dennoch die Möglichkeit gibt, den Hund zu kontrollieren. An dieser Leine soll der Hund möglichst frei und schwungvoll traben, keinesfalls galoppieren. Zudem muss sich der Beagle sowohl auf dem Boden als auch auf einem Ausstellungstisch aufstellen lassen und sich präsentieren. Dass er sich vom Richter anfassen und das Gebiss kontrollieren lässt, gehört genauso zu den Grundvoraussetzungen wie ein guter Pflegezustand und Idealgewicht. Voraussetzung zur Teilnahme an einer vom VDH oder dem Beagle Club Deutschland ausgerichteten Ausstellung ist eine von der FCI anerkannte Ahnentafel Ihres Hundes. Zudem dürfen Sie das Ausstellungsgelände nur mit einem geimpften Hund betreten.

Die Zucht

Ziele der Zucht

Ist Ihr Hund auf Ausstellungen mehrfach vorzüglich bewertet worden, entwickelt sich unter Umständen der Wunsch, ihn auch zur Zucht einzusetzen. Bevor man Beagle oder auch andere Rassehunde züchten möchte, sollte man sich überlegen, ob man die richtigen Voraussetzungen, Kenntnisse und Gegebenheiten besitzt und ob die eigene Hündin zur Zucht geeignet ist. Im Gegensatz zum Vermehren verfolgt Zucht das Ziel, die Rasse zu erhalten und zu verbessern. Züchten sollte nur, wer bereit ist, dieses Ziel zu verfolgen und hierbei weder Gesundheit, noch Wesen, Anlagen sowie anatomische Korrektheit und schließlich auch Attraktivität aus den Augen zu lassen.

Anforderungen an den Züchter

Ein Züchter muss Kenntnisse der Vererbungslehre besitzen, genug Zeit für Mutterhündin und Welpen haben, bei der Geburt der Hündin helfend zur Seite stehen und über das nötige Wissen verfügen, wie Welpen groß gezogen werden. Neben Zeit und Wissen braucht man den nötigen Platz im Haus und einen angemessenen Welpenauslauf auf dem Grundstück. Viele verantwortungsbewusste Zuchtvereine verlangen von ihren Züchtern eine Prüfung, in der diese das notwendige theoretische Wissen nachweisen müssen. Zwinger und Welpenraum werden von ausgebildeten Zuchtwarten inspiziert, und nur wenn diese den Zuchtanforderungen entsprechen, wird die Zuchtgenehmigung erteilt.

Die Hündin

Aber auch an die Hündin werden gewisse Anforderungen gestellt, wenn sie zur Zucht zugelassen werden soll. Sie muss eine Formwertzuchtzulassung oder Körung durchlaufen, auf der ihre Qualität von einem oder mehreren Spezialzuchtrichtern beurteilt wird. Ihre Hüften müssen in Ordnung sein; hierzu ist eine Röntgenaufnahme mit anschließender Auswertung des HD-Status nötig.

Kritisch hinterfragen

Selbst wenn alles zur Zufriedenheit ausfällt, sollten Sie noch einmal überlegen, ob Sie ganz sicher sind, den Anforderungen gerecht zu werden, bereit sind, alle Mühen auf sich zu nehmen, und ob ihre Hündin von bester Gesundheit sowie frei von Wesensmängeln ist. Glauben Sie nicht, dass Sie mit verantwortungsvoller Hundezucht das große Geld verdienen können oder dass geeignete Welpeninteressenten in ausreichender Zahl gleich vor der Tür stehen.

Der richtige Rüde

Wenn Sie alle Voraussetzungen erfüllen, sollten Sie sich genau überlegen, wie Ihr Zuchtziel aussieht, welcher Rüde zu Ihrer Hündin passt und geeignet ist, deren kleine Schwächen auszugleichen. Ist Ihre Hündin etwas leicht und lang im Fang, wählen Sie einen Rüden mit kräftigem Fang von idealer Länge. Keinesfalls einen, der den gleichen Fehler hat, aber auch keinen, der das absolute Gegenteil, also einen recht kurzen und schweren Fang besitzt. Dass Sie dann das goldene Mittelmaß herausbekommen, ist sehr selten.

Infos sammeln

Keine Rolle bei der Auswahl sollte die Höhe der Deckprämie oder die Entfernung zum Deckrüden spielen. Versuchen Sie, möglichst viel über die infrage kommenden Rüden in Erfahrung zu bringen. Wie ist deren Wesen und Gesundheit, was sagen die Ausstellungsberichte über deren Qualität, was für Nachzucht gibt es und was ist über diese bekannt?

Die Ahnentafel

Selbstverständlich spielt auch die Ahnentafel des Rüden eine große Rolle. Sind auch dessen Vorfahren von überdurchschnittlicher Qualität, haben der ausgewählte Rüde und Ihre Hündin mehrere gleiche Vorfahren, sodass Sie eine Linienzucht aufbauen können?

Linienzucht

Unter Linienzucht versteht man das Verpaaren von Hunden, die mehrere gemeinsame Vorfahren haben, die nicht zu viele Generationen zurückliegen. Diese Form der Zucht verspricht ausgeglichene Welpen gleichen Typs, ohne Inkaufnahme der hohen Risiken einer Inzuchtverpaarung. Sinn macht diese Vorgehensweise natürlich nur, wenn sich die gemeinsamen Vorfahren durch viele Vorzüge auszeichnen.

Outcross-Verpaarungen

Haben Rüde und Hündin über mehrere Generationen keine gemeinsamen Vorfahren, so spricht man von Outcross-Verpaarungen. Diese dienen dazu, „frisches Blut" in die Linie zu bringen, bestimmte Eigenschaften, die die eigene Zucht vermissen lässt, hineinzuzüchten. Zwar können auf diese Weise zusätzliche positive Merkmale für die eigene Linie erworben und der Genpool vergrößert werden, es muss aber auch mit unausgeglichenen Würfen gerechnet werden.

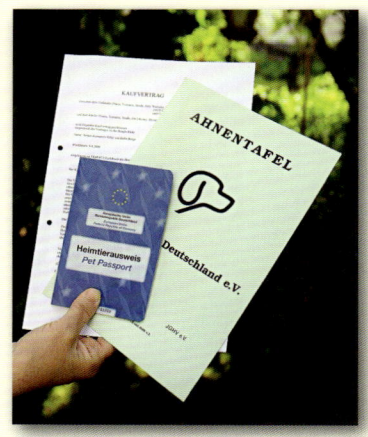

Zwingername

Über den Verein, in dem Sie züchten möchten, muss ein Antrag auf Zwingernamensschutz gestellt werden. Es ist ratsam, mehrere Namen einzureichen, da es sein kann, dass Ihre erste Wahl schon an einen anderen Züchter vergeben ist. Geschützt werden sollte der Zwingername durch den nationalen (VDH) und den Internationalen Dachverband (FCI). Anschließend müssen Sie die weiteren von Ihrem Verein geforderten Bedingungen erfüllen.

Los geht's

Ist alles erledigt und auch der Rüde ausgewählt, kann es bei der nächsten Hitze Ihrer Hündin losgehen. Machen Sie sich über alle Läufigkeiten Aufzeichnungen. In welchem Abstand erfolgen diese, am wievielten Tag klappt die Hündin ihre Rute zur Seite und zeigt deutliches Interesse, zu einem Rüden zu gelangen. Nicht nur, dass in dieser Zeit die Hündin besonders sorgfältig beaufsichtigt werden muss, es ist auch für die Hitze, in der die Belegung erfolgen soll, von Vorteil zu wissen, wann die Hündin ihre Stehtage hat und deckbereit ist.

Vereinbarungen treffen

Informieren Sie den Rüdenbesitzer frühzeitig und sprechen Sie auch Einzelheiten wie die Höhe der Deckprämie, die Möglichkeit einer kostenfreien Wiederholung bei Leerbleiben der Hündin und dergleichen ab. Eins sollten Sie sich letzten Endes immer vor Augen halten: Verantwortungsbewusste Zucht verlangt viel Zeit und Mühe, aber auch etwas Glück.

Beagle sind wie kleine Kobolde: fröhlich, flink, liebenswert und immer für einen Spaß zu haben. Als einstige Meutehunde besitzen Beagle ein ausgeprägtes Sozialverhalten, das sie gegenüber anderen Artgenossen und dem Menschen zeigen. In diesem Kapitel erfahren Sie, wie sich Beagle ausdrücken, was sie fühlen und dass sie trotz großer Klappe am liebsten die Körpersprache einsetzen.

Auch Beagle haben Gefühle

Wenngleich bis vor gar nicht langer Zeit mehrheitlich davon ausgegangen wurde, dass allein der Mensch zur Entwicklung von Gefühlen in der Lage sei, wies bereits Konrad Lorenz darauf hin, dass auch höhere Tiere wie etwa der Hund ein Erleben und Gefühle besitzen. Zwar sind Gefühlsäußerungen beim Menschen weit umfangreicher als bei Tieren, aber Freude, Angst, Schmerz und Ärger können diese ebenso zeigen. Wie stellt es sich aber dar, wenn man sich noch eine Ebene höher wagt und Hunden ein Bewusstsein, Intelligenz, ein Gewissen oder das Verständnis von Moral zusprechen möchte? „Moralanaloges" Verhalten (nach Lorenz) zeigt sich in der Übernahme von Gemeinschaftsaufgaben innerhalb einer Gruppe und der Loyalität gegenüber Artgenossen sowie dem Menschen.

Beagle sind sehr aufmerksam: Was wird wohl von ihm erwartet?

Kontaktaufnahme: Die Hündin würde gern den Rüden begrüßen, wird aber spielerisch am Halsband festgehalten.

Vermenschlichungen vermeiden

Das Anerkennen der Demutsgeste des Unterlegenen wirkt auf uns Menschen äußerst moralisch, doch müssen wir bedenken, dass wir bei der Interpretation tierischen Verhaltens – und gerade bei dem unseres besten Freundes – allzu schnell zur Vermenschlichung neigen. Das Anerkennen der Demutsgeste sorgt für ein harmonisches Zusammenleben innerhalb der Gruppe und verhindert Beschädigungskämpfe, die rein unter dem biologischen Aspekt des „Kosten-Nutzen-Verhältnisses" nicht tragbar wären. Auch beim Thema Gewissen besteht die Gefahr der Vermenschlichung. Es wird sich kaum ein Beaglebesitzer finden, der nicht der unumstößlichen Meinung ist, dass das liebe Tier genau weiß, wann es Mist gebaut hat, und anschließend mit schlechtem Gewissen, Schamgefühl und Reue reagiert. In gewissem Maße ist dies auch richtig. Zwar besitzen Hunde kein Gewissen im Sinne eines menschlichen „Sittengesetzes", dennoch ist ihnen bewusst, dass sie erlernte Grundsätze für die Gemeinschaft mit dem Menschen missachtet haben.

Ihr demütiges Verhalten, welches wir als „schlechtes Gewissen" interpretieren, bittet evolutiv gesehen darum, nicht aus dem Sozialverband ausgestoßen zu werden.

Selbstbewusst und ganz schön clever

Ein Bewusstsein ebenso wie Intelligenz kann unseren Hunden meines Erachtens ohne Wenn und Aber zugesprochen werden. Selbstbewusstsein, Selbstgefühl und die hierdurch vorhandene Fähigkeit, zwischen sich und anderen Artgenossen unterscheiden zu können, werden dadurch ausgedrückt, dass manchen Artgenossen freundlich, manchen jedoch feindlich begegnet wird. Unterstützt wird dieses Selbstbewusstsein durch individuelle Lautäußerungen und Individualgerüche. Die Intelligenz unserer Hunde äußert sich nicht allein dadurch, dass sie große Meister im Lernen durch Konditionierung, Versuch und Irrtum oder auch Nachahmung sind, sondern ebenso durch ihre ausgeprägte soziale Intelligenz, die ihnen ermöglicht, sich an das Gruppenleben und Verhalten anderer anzupassen. Zusammenfassend kann man sagen, dass das Vorhandensein von Gefühlen bei Tieren durch die Verhaltensforschung wissenschaftlich nachgewiesen wurde, auch wenn wir Menschen unsere Sonderstellung immer wieder dadurch betont haben, dass wir bestimmte Leistungen allein für uns in Anspruch nehmen.

Ganz schön gesprächig

Jeder Besitzer eines Beagles wird, dem zustimmend, seinem Hund diverse Gefühlsäußerungen zuordnen, die dieser durch Mimik, Gestik, Körperhaltung und Lautäußerungen zum Ausdruck bringt. Während die Mimik des Haushundes eingeschränkter ist als die seines Vorfahren, dem Wolf, so verfügt Ersterer über ein weit vielfältigeres Lautsystem. Bellen wird beim Hund in einer deutlich größeren Variabilität im Hinblick auf Motivation, sozialen Zusammenhang sowie klangspektrographischen Aufbau gezeigt. In der Literatur sind zahlreiche Klassifizierungen von Lautäußerungen beim Haushund zu finden. Man unterteilt sie in tonale und atonale Laute, und es werden verschiedene Lautklassen wie Bell-, Winsel-, Knurr-, Muck- und Schrei-Laute unterschieden.

Beagle sind sehr kommunikativ

Gerade beim Beagle ist das Lautsystem besonders auffällig. Wenngleich kein Kläffer, so ist der Beagle doch sehr „kommunikativ". Bellen, Jaulen, Heulen, Winseln, Jiffen, Knurren, Brummen und andere vokale Signale gehören zu seinem Lautrepertoire und werden aus Freude und Überschwang, aber auch aus Frustration oder Angst eingesetzt. Da gibt es zum einen das Bellen mit Aufforderungscharakter: „Komm, spiel mit mir", „Lass uns spa-

zieren gehen", „Gib mir mein Futter, ich habe Hunger". Gebellt wird aber auch beim Toben mit anderen Hunden oder mit dem Menschen, zur freudigen Begrüßung und als Antwort auf Hundegebell von draußen oder aus dem Fernseher. Ebenso beim Aufbruch zum Spaziergang oder zum jagdlichen, beziehungsweise sportlichen Einsatz lassen viele Beagle ihrer Vorfreude freien Lauf. Und Ihr Hund weiß sehr schnell aus kleinsten Anzeichen zu schließen, welche Aktion bevorsteht. Mögen es die Schuhe sein, die Sie anziehen, wenn Sie in den Wald gehen, die spezielle Halsung, die ihm zum Arbeiten angelegt wird, eine besondere Tasche, oder einfach nur, dass die Zeit für eine seiner Lieblingsbeschäftigungen wieder gekommen ist.

Auch Augen können sprechen ...

Beagle sind kontaktfreudig, unternehmungslustig und lernbegierig.

Jagdgesang

Ein ganz besonderes Bellen ist der Spurlaut: Dieser „Jagdgesang" unserer Hunde zeigt nicht nur dem Jäger an, wo sein die Hasenspur verfolgender Hund gerade ist. Bei der Meutejagd in England zeigte er den Meutemitgliedern, wo es weitergeht und wo die so aufregend duftende Fährte verläuft. Viele Beagle geben dieses unverwechselbare Gebell auch von sich, wenn sie im Spiel einen Artgenossen verfolgen. Hierbei handelt es sich dann jedoch um den Sichtlaut. Auch hier sind die verschiedensten Tonlagen und -folgen zu vernehmen, wobei ein Beagle mit dunklem „Ball" höher geschätzt wird als einer mit hohem, schrillem Laut. Wer einmal erlebt hat, mit welchem Enthusiasmus ein Beagle auf einer Hasenspur arbeitet, kann ermessen, welche Freude und Erfüllung dies für unsere Hunde bedeutet.

Freude zeigen

Freude äußert der Hund nicht nur akustisch, sondern auch mimisch und mit seiner gesamten Körperhaltung. Beagle können vor Begeisterung mit dem gesamten Rumpf wackeln, nicht nur mit der Rute. Die Aufforderung zum Spiel wird unterstrichen durch die „Vorderkörper-Tiefstellung", durch das Heranbringen von Spielzeug sowie wildes Umhertollen und Gehopse. Dazu wird oft fröhlich gebellt und ein Spielgesicht gemacht. Mit der Frage, ob Hunde auch grinsen oder lächeln können, beschäftigt sich derzeitig die Forschung an der Universität Kiel unter der Leitung von Verhaltensforscherin Frau Professorin Dr. Feddersen-Petersen. Was auch immer hierbei für Resultate erlangt werden, gemeinsame Freude und gemeinsamen Spaß können Sie allemal täglich mit Ihrem Beagle haben.

Unwohlsein und schlechte Laune

Bellen und Knurren können fernerhin auch Unwohlsein ausdrücken oder als Warnung eingesetzt werden, „Achtung, das ist mein Ball", oder: „Hier beginnt mein Reich", und sowohl Angst als auch Aggressionsbereitschaft anzeigen. Ist die Aggression, beim Beagle eine absolut seltene Gemütsregung, gegen Sie oder eine andere Person gerichtet, darf diese auf gar keinen Fall geduldet werden. Dies heißt allerdings nicht, dass Sie den Hund Ihre körperliche Überlegenheit drastisch spüren lassen. Überlegen Sie, was zu der aggressiven Reaktion Ihres Hundes geführt hat, und versuchen Sie bei der nächsten Gelegenheit, Ihrem Hund deutlich zu machen, dass sein Verhalten nicht nur unerwünscht ist, sondern auch unangenehme Folgen nach sich zieht. Knurrt Ihr Hund Sie an, wenn Sie seinem Fressnapf zu nahe kommen, lassen Sie ihn vor der Fütterung Sitz machen, bevor Sie den Futternapf hinunterstellen. Erst wenn Sie das Kommando „Sitz" aufheben, darf sich Ihr Hund bedienen. Bleibt Ihr Hund nicht sitzen, kann er von einer zweiten Person an der ange-

> ## Tipp | Nuancen erkennen
>
> Wichtig ist, dass Sie die verschiedenen Lautäußerungen Ihres Beagles richtig einordnen. Das spielerische Knurren beim Kampf um ein Spielzeug klingt anders als das drohende Knurren, wenn sich ein als Rivale betrachteter Artgenosse nähert. Gleiches gilt für das Bellen. Fiepen oder Winseln kann ein Hund aus Schmerz, aber auch, weil die Tür zum Garten verschlossen ist, oder aus Wiedersehensfreude; und selbst beim Träumen sind teilweise ähnliche Laute zu hören.

Das Spiel wird oft akustisch untermalt.

legten Leine zumindest so lange zurückgehalten werden, bis Sie ihm die Erlaubnis zum Fressen erteilen. Der Hund muss wissen, dass Sie die lebenswichtigen Ressourcen verwalten, einteilen und freigeben. Auch wenn es um Streicheleinheiten geht, muss der Hund lernen, dass letztlich Sie entscheiden, wann er mit dieser Auszeichnung bedacht wird. Hin und wieder muss also auch die Aufforderung des Hundes nach Liebkosungen ignoriert werden.

Begegnungen mit anderen Hunden

Aggressionen gegenüber anderen Hunden lassen sich leicht dadurch regeln, dass Plätze aufgesucht werden, wo sich die Tiere ohne Leine frei begegnen können. Gerade der Beagle wird schnell Kontakt zu anderen Artgenossen aufnehmen und diese zum Spiel auffordern. Begegnungen mit angeleinten Hunden kann man später üben, zuerst am besten mit bereits vertrauten Spielgefährten. Auch wenn viele Menschen, vor allem „Nicht-Hundebesitzer", Bellen und Knurren von Hunden als bedrohlich empfinden, so ist dies zumeist gar nicht der Fall, sondern dient der normalen Kommunikation, der Kontaktaufnahme zu anderen Hunden oder auch zu Ihnen. Das Sprichwort „Hunde, die bellen, beißen nicht" trifft in vielen Fällen zu, auch wenn es keine Regel ohne Ausnahme gibt. Wirklich zum Angriff entschlossene Hunde – in der Regel keine Beagle – führen ihre Attacke genauso lautlos durch wie solche, die aus Angst die Flucht ergreifen.

Die Mimik

Wie bereits erwähnt ist, die Mimik des Urahnen Wolf stärker ausgeprägt als die des Haushundes. Je nach Rasse sind Hunde in der Lage, circa 10–15 verschiedene Gesichter zu offenbaren, während der Wolf um 60 Mienen zegen kann. Unter den Hunden nimmt der Beagle aber zweifelsohne eine Spitzenstellung in mimischer Kommunikation ein. Daher ist es wichtig, dass auch mimische Äußerungen Ihres Beagles von Ihnen wahrgenommen und richtig interpretiert werden.

Total entspannt

Der entspannte Beagle lässt seine langen Behänge locker am Hals herabhängen, die Lefzen liegen gut an und umschließen die Fangpartie. Der Ausdruck ist freundlich und gelassen. Gleiches gilt für die Körperhaltung: Der Hund steht oder sitzt entspannt mit leicht erhobenem Kopf. Setzt sich Ihr Beagle in Bewegung, wird die Rute sofort nach oben genommen und, wie im Standard beschrieben, fröhlich, also aufrecht getragen. Diese Rutenhaltung wird auch im Stand beibehalten, wenn Ihr Beagle angespannt ist, egal ob positiv oder negativ.

Imponiergehabe

Möchte Ihr Hund bei einer Begegnung mit einem anderen Artgenossen diesem imponieren, wird die Rute unter Umständen etwas weiter nach vorn über den Rücken gezogen. Bei manchen Beagles, oft Rüden, wird sie schnell und kurz hin und her bewegt, als würde sie vibrieren. Der Gang wird steif, alle Gelenke sind durchgedrückt, um an Größe zu gewinnen. Gleiches soll durch die jetzt aufgestellten Nackenhaare erreicht werden. Der Blick ist von dem anderen Hund abgewandt, die Ohren leicht hochgezogen. Zudem werden die beiden Hunde versuchen, sich im Schnauzenbereich oder am Hinterteil zu beriechen. Oft werden die beiden Kontrahenten anschließend ihres We ges gehen, es kann aber auch zu verstärktem Drohverhalten oder Unterwürfigkeitsbekundungen kommen.

Drohverhalten

Beim Drohverhalten werden die Zähne gebleckt, es wird geknurrt und der Gegner mit den Augen fixiert. Das Hauptziel dieses Verhaltens liegt darin, den Rivalen auf Distanz zu halten, ihm deutlich zu machen, dass ein weiteres Annähern unerwünscht ist. Auf die Unterschiede zwischen dem offensiven Angriffsdrohen des sich überlegen fühlenden, dominanten Hundes und dem Abwehrdrohen des sich unterlegen fühlenden soll hier nicht weiter eingegangen werden. Sind die Hunde angeleint, kann es jetzt schnell zu einer körperlichen Auseinandersetzung kommen, wenn die Hundeführer nicht aufpassen und die beiden rechtzeitig auf Distanz bringen. Bewegen sich die Hunde frei, wird es, gerade unter den sozialverträglichen Beaglen, selten zum direkten Kampf kommen. Wahrscheinlich werden sich beide mit stelzendem Schritt voneinander entfernen, einer die Flucht ergreifen oder sich unterwerfen.

Beschwichtigungssignale

Oft werden auch Beschwichtigungssignale, englisch „Calming Signals", eingesetzt, um die Situation zu entspannen. Diese Signale wurden schon vor vielen Jahren bei Wölfen beschrieben und als „cut off signals" bezeichnet, da sie erfolgreich eingesetzt wurden, um Aggressionsverhalten zu beenden. Erst Jahre später wurden derartige Signale auch beim Haushund erkannt und untersucht. Diese Signale werden Sie auch bei Ihrem Meutehund Beagle, für den friedlicher, sozialer Kontakt wichtiger

Entspannt, aufmerksam und gelassen. Das zeigt dieser Gesichtsausdruck.

Vorsichtige Annäherung unter Vermeidung von frontalem Blickkontakt. Die Rutenhaltung zeigt die Anspannung zu Beginn der Begrüßung.

Auch Beagle tauschen Zärtlichkeiten aus.

Duftbotschaften geben auch über den Status des Hundes Auskunft.

ist als ein Konflikt, immer wieder be-obachten können. Einige dieser Signale und entsprechende Beispiele möchte ich hier aufführen.

Erstarren

Unser Rüde Jake stellte sich auf dem Hundeplatz den anderen Beaglen gern als „Hase" zur Verfügung und ließ sich hetzen. Wurde ihm die Jagd zu wild, blieb er für die anderen Hunde ganz unerwartet stocksteif stehen. Dieses „Erstarren" wirkte auf die jagenden Artgenossen als Signal. Jake wurde an-schließend kurz beschnüffelt und die Situation war beendet.

Dazwischengegangen

Häufig kann man beobachten, wie ein außen stehendes Tier sich zwischen zwei Kontrahenten stellt und am Boden schnüffelnd vorgibt, es gäbe dort etwas

wahnsinnig Aufregendes zu unter-suchen, um die Aufmerksamkeit der beiden anderen Hunde umzulenken. Dieses „Splitten" von zwei Hunden durch einen dritten wird oft bei einem zu wild gewordenen Spiel, das zu einem Konflikt zu werden droht, eingesetzt und führt fast immer zum Erfolg.

Tipp | Signale nutzen

Selbstverständlich können auch Sie beschwichtigend auf Ihren Hund ein-wirken, indem Sie die gleichen Signale einsetzen. Gähnen, blinzeln, sich seitlich zum Hund stellen oder hinhocken und den Blick abwenden zeigt ihm, dass keine Gefahr im Verzug ist. Vermeiden Sie, dem Hund frontal entgegenzugehen und ihm dabei direkt in die Augen zu schauen.

Auch das Über-die-Nase-Lecken kann als Beschwichtigungssignal eingesetzt werden.

Gähnen und blinzeln

Dass schon Welpen „Gähnen" als Beschwichtigungssignal einsetzen, kann jeder Züchter beobachten, der diese aus der Wurfkiste nimmt. Fast jeder Welpe wird auf der Hand, die für ihn eine neue und ungewohnte Umgebung darstellt, gähnen. Bei erwachsenen Hunden wird das beschwichtigende Gähnen, das in unangenehmen Situationen gezeigt wird, oft von „Augenblinzeln" begleitet. Weitere Beschwichtigungssignale sind das „Kopfabwenden", „Sich-seitlich-Stellen", „Sich-über-die-Nase-Lecken", „Wedeln" und plötzliches „Sich-setzen-oder-Hinlegen".

Taktile und olfaktorische Signale

Die Kommunikation des Hundes verläuft immer über ein Multikanalsystem. Neben visuellen Signalen durch Mimik und Körpersprache und akustischen Signalen durch das Lautsystem kommuniziert der Hund über taktile und olfaktorische Signale.

Berührungen und Lecken sind für soziale Bindungen außerordentlich wichtig. Durch Fellpflege, Schnauzenzärtlichkeiten und Kontaktliegen wird sowohl dem Welpen als auch dem erwachsenen Hund Sicherheit, Geborgenheit und Schutz vermittelt. Auch für die Mensch-Hund-Beziehung ist sanftes Streicheln der Kopf- und Körperpartie von großer Bedeutung. Hierüber lernt Ihr Schützling, Vertrauen zu Ihnen aufzubauen. Unsere Beagle sind verschmust und genießen Streicheleinheiten, die sie auch selbst immer wieder einfordern, in vollen Zügen.

Taktile Kommunikation findet auch bei agonistischen Auseinandersetzungen über Anrempeln, Wegdrängeln, Kopfauflegen und Ähnlichem statt.

Duftbotschaften
Chemische Informationsübermittlung erfolgt über die Abgabe von Kot, Urin oder Drüsensekreten und stellt eine Form der Langzeitkommunikation dar. Im Vergleich zu akustischen, visuellen und taktilen Erkennungszeichen sind olfaktorische Signale langanhaltend, starr und können nicht spontan abgewandelt und einer bestimmten Situation angepasst werden. Daraus resultierend werden sie dazu angewandt, einzelne, relativ konstante Informationen zu übermitteln. Zum einen dienen sie der Anzeige von territorialen Reviergrenzen, zum anderen wird die Hitze der Hündin, die sich im Oestrus befindet, angezeigt. Hunde erkennen am Geruch von Markierungen oder am

| Info | Was die Nase hergibt |

Der Haushund hat eine ausgedehnte Riechschleimhaut mit 125 – 225 Millionen Riechzellen, während der Mensch im Vergleich nur über circa 20 Millionen Riechzellen verfügt.
Sie werden erstaunt, manchmal auch genervt sein, was Ihr Beagle auf Spaziergängen alles findet und frisst, bevor Sie reagieren können.

Individualgeruch Details über Alter, Geschlecht, Brunst- und Deckbereitschaft, Gesundheitszustand und Emotionen eines Gegenübers. Zudem dient der ausgeprägte Geruchssinn dem Auffinden von Nahrung und Wasser.

Vertrauensvolle
Mensch-Hund
Beziehung.

Das Jacobson'sche Organ

Darüber hinaus besitzt der Hund das Jacobson'sche Organ. Dieses Riechepithel besteht aus winzigen Einbuchtungen der Nasenscheidewand und dient der Wahrnehmung von Pheromonen. Den hervorragenden Geruchssinn des Hundes hat sich der Mensch bereits seit Längerem in diversen Bereichen zu Nutze gemacht: Hunde werden zu Drogen-, Fährten- und Jagdhunden, Sprengstoff- oder Minenspürhunden ausgebildet – so auch der Beagle!

Wie ist die Stimmung?

Lautäußerungen, chemische und taktile Signale sowie Mimik und Körperhaltung ergänzen sich und zeigen genauso wie beim Menschen die Stimmungslage Ihres Hundes an: Egal ob wütend, fröhlich, aggressiv oder ängstlich; all diese Stimmungen wird Ihnen auch Ihr Beagle zeigen.

Denken Sie bitte auch daran, dass sich Stimmungen übertragen und Ihr Hund dafür ein feines Gespür hat.

Sind Sie vor dem Training oder am Start des Agility-Parcours nervös, so wird Ihr Hund dies spüren und entsprechend reagieren. Versuchen Sie also möglichst Zuversicht und Souveränität auszustrahlen. Regt sich Ihr Hund in einer Situation übermäßig auf, sollten Sie dieser keine besondere Beachtung schenken, vermitteln Sie Ihrem Hund, dass alles völlig normal ist und es keinen Grund zur Aufregung gibt. So werden Sie Ihren Beagle eher davon überzeugen, dass seine Aufregung oder Angst überflüssig ist, als mit einer negativen beziehungsweise verstärkenden Reaktion auf sein Verhalten.

Bevor Sie sich mit Ihrem Hund beschäftigen, ist es ganz wichtig, negative Stimmungen, die Sie etwa von der Arbeit mit nach Hause gebracht haben, beiseite zu schieben und diese nicht an Ihrem Hund auszulassen. Ihr Beagle hat nicht nur ein feines Gefühl für Ihre Stimmungen, sondern auch dafür, ob er gerecht oder ungerecht behandelt wird.

Mimik und Körperhaltung offenbaren die Stimmung des Beagles.

Die Riechleistung des Hundes ist um ein Vielfaches höher als die des Menschen.

Das Gerechtigkeitsgefühl von Hunden

Das heißt nicht, dass Hunde ein Gerechtigkeitsgefühl wie wir Menschen besitzen, dennoch haben Verhaltensforscher an der Universität Wien nachgewiesen, dass neben Menschen nicht nur Primaten, sondern auch Hunde Neid empfinden können. In ihrer Studie versuchten die Forscher, Hunde so häufig wie möglich zum Pfötchengeben zu bringen. Dabei stellten sie fest, dass die Hunde deutlich schneller damit aufhörten, wenn neben ihnen ein anderer Hund saß, der für dieselbe Leistung eine Belohnung bekam, sie jedoch nicht. Die neidischen Hunde hätten im Vergleich zu einer Testsituation, in der sie sich allein befanden, deutlich gestresster gewirkt, mehr gezögert und stärker auf den anderen Hund und dessen Belohnung geachtet. Kalt ließ es die Hunde jedoch, wenn der Partner ein begehrenswerteres Leckerli bekam als sie, etwa ein Stückchen Wurst statt Brot – Hauptsache, sie bekamen auch irgendeine fressbare Anerkennung. Besitzer mehrerer Beagle können bestätigen, dass diese ein feines Gespür dafür haben, ob einer der Hunde vorgezogen wird oder nicht.

Klare Aufforderung zum Spiel: „Komm, lass uns toben!"

Ein zweiter Beagle?

Viele Rasseliebhaber glauben, sie müssten mindestens zwei Hunde halten, um dem Meutehund Beagle gerecht zu werden. Dies ist keineswegs der Fall. Können Sie Ihrem Hund genügend Zeit und Aufmerksamkeit zur Verfügung stellen, wird dieser glücklich und zufrieden aufwachsen und Sie und Ihre Familie als seine Meute ansehen. Er wird auch die Gesellschaft anderer Hunde nicht vermissen, sofern er immer wieder Gelegenheit erhält, Kontakt zu Art- und auch Rassegenossen zu erhalten, zum Beispiel auf Spaziergängen und auf Hundeplätzen.

Die Minimeute

Haben Sie jedoch ausreichend Platz, Zeit und Nerven für einen zweiten Beagle, wird auch Ihr Ersthund diesen Zuwachs freudig begrüßen – und wenn nicht gleich am ersten Tag, so doch spätestens am zweiten oder dritten. Allerdings sollten Sie die Anschaffung eines Zweithundes erst dann ins Auge fassen, wenn Ihr erster Beagle eine solide Grunderziehung hinter sich gebracht hat, alle Übungen gefestigt und fast immer abrufbar sind.

Nur so ist sicherzustellen, dass der „Kleine" nicht nur Blödsinn von seinem Vorbild übernimmt, sondern sich schnell zu einem gut geprägten und erzogenen neuen Mitglied Ihrer Minimeute entwickelt.

Etwas teurer
Selbstverständlich müssen Sie nun als Besitzer von zwei Hunden auch mit höheren Kosten rechnen als zuvor. Das gilt für Futter, Tierarzt, Versicherung und vor allem für die Hundesteuer. Hier wird der Zweithund meist höher veranschlagt als der erste.

Spaziergänge und Urlaube
Beim Spazierengehen können Sie beide Beagle an separaten Leinen führen, relativ bald aber auch eine Koppel benutzen, an der beide gemeinsam geführt werden. Laufen Ihre Hunde ohne Leine, wird sich der Nachwuchs in der Regel stark an seinem älteren Vorbild orientieren. Von diesem wird er auch viele andere Verhaltensweisen übernehmen, was die Erziehung erleichtert. Und auch im Urlaub gibt es keine größeren Probleme. Dort, wo ein Hund erlaubt ist, werden zumeist auch zwei Beagle akzeptiert.

Daheim geblieben
Fahren Sie ohne Ihre Lieblinge in den Urlaub, müssen Sie möglicherweise zwei Quartiere finden, wo die Hunde während Ihrer Abwesenheit optimal betreut werden. Eine Unterbringung bei Bekannten oder Freunden ist allemal einer Hundepension vorzuziehen, und dies nicht nur finanziell. Kennen Hunde und Freunde sich bereits, fällt dem Hund die Trennung von Ihnen und seinem Kumpel nicht ganz so schwer.

Der Altersunterschied
Steht die Entscheidung für den Zweitbeagle an, überlegen Sie, wie groß der Altersunterschied sein soll. Ist dieser gering, müssen Sie damit rechnen, dass Sie beide Hunde im Alter innerhalb kurzer Zeit verlieren können. Ist der Altersunterschied jedoch sehr groß und der erste Hund schon recht alt, wird er mit dem Neuzugang nicht mehr unbedingt spielen und toben wollen. Es will also gut überlegt sein! Alles in allem kann ich persönlich einem Zweitbeagle außer der finanziellen Mehrbelastung nur Positives abgewinnen und aus eigener Erfahrung sagen, dass die echte Mehrarbeit erst mit dem dritten Hund beginnt.

Spielen und Toben macht zu zweit doppelt so viel Spaß.

Zum Weiterlesen

Erziehung
Sie wollen noch mehr über moderne Hundeerziehung erfahren?
In folgenden Büchern werden Sie fündig:

Bruns, Sandra und Annett Seidensticker: **Gassi-Training.
Erziehung und Spiele für unterwegs.** 2015
Coring, Mel: **Clickertraining für Hunde.** 2014
Führmann, Petra und Nicole Hoefs: **Das Kosmos Erziehungs-
programm für Hunde.** 2016
Rütter, Martin: **Hundetraining mit Martin Rütter.** 2014
Rütter, Martin: **Jagdverhalten bei Hunden.** 2015
Toll, Claudia: **Kommt nicht, gibt's nicht - So klappt der Rückruf
garantiert.** 2016

Rund um Welpen
Fichtlmeier, Anton: **Grunderziehung für Welpen.** 2014
Rütter, Martin: **Welpentraining mit Martin Rütter.** 2015
Theby, Viviane: **Das Kosmos Welpenbuch.** 2016

Beschäftigungsideen für Beagle
Kitchenham, Kate: **Spielekiste für Hunde.** 2015
Grunow, Alexandra und Rowena Langkau: **Mantrailing.** 2011

Hundeverhalten
Esser, Johanna: **Körpersprache von Hund und Mensch.** 2016
Feddersen-Petersen, Dorit: **Ausdrucksverhalten beim Hund.** 2008
Gansloßer, Udo und Kate Kitchenham: **Beziehung, Erziehung, Bindung.** 2015
Handelman; Barbara: **Hundeverhalten.** 2010
Kitchenham, Kate: **Wissen Hunde, dass Sie Hunde sind?** 2014

Nützliche Adressen

Fédération Cynologique Internationale
FCI Generalsekretariat
Place Albert 1er, 13
B-6530 Thuin
Tel: ++32 71 59 12 38
Fax: ++32 71 59 22 29
info@fci.be
www.fci.be

Verband für das Deutsche Hundewesen
(VDH) e. V
Westfalendamm 174
D-44141 Dortmund
Tel: +49 231 5 65 00-0
Fax: +49 231 59 24 40
E-Mail: info@vdh.de
Internet: www.vdh.de

Schweizerische Kynologische Gesellschaft
(SKG)
Brunnmattstrasse 24
CH-3007 Bern
Tel: +41 (0)31 306 62 62
Fax: +41 (0)31 306 62 60
E-Mail: info@skg.ch
www.hundeweb.org

Österreichischer Kynologenverband (ÖKV)
Siegfried Marcus-Str. 7
A-2362 Biedermannsdorf
Tel.: +43-(0)2236/710 667
Fax: +43-(0)2236/710 667- 30
E-Mail: office@oekv.at
www.oekv.at

Beagle Club Deutschland e.V.
E-Mail: info@beagleclub.de
www.beagleclub.de

Beagle Club Schweiz
E-Mail: info@beagleclub.ch
www.beagleclub.ch

Austrian Beagle Club (ABC)
E-Mail: geschaeftsstelle@beagleclub.at
www.beagleclub.at

Brigitte, Wiebke und Thomas Warneke
Calandrellistraße 55
D-12247 Berlin
Tel.: 0 30 /81 80 95 06
Fax: 0 30 / 81 80 95 07
E-Mail: info@beagle-berlin.de
www.beagle-berlin.de

Register

Welpenpass für Ihren Kleinen

Name

Rufname

Geschlecht

Chip-Nr.

Zuchtbuch-Nr.

Geburtsdatum

Abgeholt am

Foto meines Hundes

Züchter

Name der Mutter

Name des Vaters

Tierarzt

Impfungen

Entwurmung

Haftpflichtversicherung

Hundeverein

Prüfungen

Ein gutes Verhältnis —— zu Ihrem Hund

Das —— Kosmos Welpenbuch

VIVIANE THEBY

MIT KOSMOS MEHR ENTDECKEN
12
Umweltgeräusche als Download —— *zur sanften Gewöhnung*
SEIT 1822

- ENTWICKLUNG UND AUSWAHL
- EINGEWÖHNUNG, SOZIALISIERUNG UND ERZIEHUNG
- FÜR EINEN GUTEN START INS HUNDELEBEN

MIT KOSMOS MEHR ENTDECKEN
—— Mit
Sozialisierungs-geräuschen
SEIT 1822

KOSMOS PLUS

208 Seiten, ca. €(D) 20,–

Wer wünscht sich nicht einen freundlichen Hund, der leicht zu führen ist und uns überall begleitet? Viviane Theby stellt die komplexen Entwicklungsschritte vom Welpen zum Junghund verständlich dar und zeigt auf, welche Weichen bereits beim Züchter gestellt werden. Sie geht auf die Bedürfnisse des kleinen Hundes ein, erklärt, wie man ihn an sein neues Zuhause und die Umwelt gewöhnt und wie man ihm spielerisch erste Signale und Regeln vermittelt. Das Plus zum Buch: die kostenlose KOSMOS-PLUS-App mit Sozialisierungsgeräuschen.

kosmos.de

BARF bedeutet, den Hund artgerecht und natürlich zu ernähren: „biologisch artgerechtes rohes Futter". Je nach Größe, Alter und Lebenslage variiert, ist diese Fütterung für alle Hunde geeignet. Die Tierärztin und erfahrene BARF-Ernährungsberaterin Dr. med. vet. Danja Klüver erklärt, wie es geht: Sie stellt geeignete Futtermittel wie Fleisch, Knochen, Obst, Gemüse und Kräuter vor, zeigt die Berechnung von Futterrationen, liefert Futterpläne und Rezepte und gibt Tipps zur praktischen Fütterung.

112 Seiten, ca. €(D) 14,99

Hunde beobachten ihre Halter genau und können an kleinen Nuancen der Körpersprache erkennen, was als Nächstes passiert oder wie ihr Mensch momentan gelaunt ist. Die „Kommunikation ohne Worte" spielt auch in der Erziehung eine große Rolle. Hundehalter verstehen ihre Hunde nur, wenn sie deren Verhalten richtig deuten. Andererseits kann die eigene Körpersprache gezielt in der Erziehung einsetzt werden. Wie das geht, zeigt das Buch. Ein Ratgeber für jeden Hundehalter und der Schlüssel zur Kommunikation mit dem Hund.

112 Seiten, ca. €(D) 14,99

Für eine erfolgreiche —— Hundeerziehung

Das Kosmos
**Erziehungs ——
programm
für Hunde**

NICOLE HOEFS
PETRA FÜHRMANN
IRIS FRANZKE

„Dieses Werk ist der Klassiker der Hundeerziehung. Es geht von biologischen Grundlagen aus und wählt Herangehensweisen, die sich für jedes Mensch-Hund-Team anbieten."

Dr. Dorit Urd Feddersen-Petersen

KOSMOS

MIT KOSMOS MEHR ENTDECKEN — Mit **detaillierten** Trainings-plänen SEIT 1822

MIT KOSMOS MEHR ENTDECKEN — mit Trainingsplan für jede Übung SEIT 1822

216 Seiten, ca. €(D) 24,99

„Das Kosmos Erziehungsprogramm" umfasst alle Übungen, mit denen jeder Hund zu einem fröhlichen und gehorsamen Gefährten erzogen werden kann. Das Besondere an diesem Buch: Zu jeder Übung werden verschiedene Trainingsmethoden beschrieben, die individuell an jedes Mensch-Hund-Team angepasst werden können. Dazu gibt es praktische und übersichtliche Trainingspläne. Aktualisierte und erweiterte Informationen auf dem neuesten Stand der modernen Hundeerziehung.

Bildnachweis

157 Farbfotos wurden von Sabine Stuewer/Kosmos für dieses Buch aufgenommen. Weitere Farbfotos von Hanni Hummel/Picani (1; S. 41 Mi.), Juniors Tierbild (4; S. 59. 60, 61, 72 li.), Kerstin Lührs/Picani (2; S. 6, 7), Marc Rühl/Kosmos (3; S. 71 alle 3), Verena Scholze/ Kosmos (2; S. 49 o. re. & li.), Annie Sommer/Picani (6; S. 40 alle 3, 41 li. Mi., li. un. & re.), Wiebke Warneke (3; S. 38 li., 39 li. & re).

Mit einer Illustration von Christiane Glanz (S. 62).

Impressum

Umschlaggestaltung von eStudio Calamar unter Verwendung von vier Farbfotos von Sabine Stuewer/Kosmos.

Mit 197 Farbfotos und 1 Farbzeichnung.

Unser gesamtes lieferbares Programm und viele weitere Informationen zu unseren Büchern, Spielen, Experimentierkästen, DVDs, Autoren und Aktivitäten finden Sie unter kosmos.de

MIX
Papier aus verantwortungsvollen Quellen
FSC® C110508
FSC www.fsc.org

Gedruckt auf chlorfrei gebleichtem Papier

© 2009, Franckh-Kosmos Verlags-GmbH & Co. KG, Stuttgart
Alle Rechte vorbehalten
ISBN 978-3-440-11195-6
Projektleitung: Hilke Heinemann
Redaktion: Alice Rieger
Gestaltungskonzept: eStudio Calamar
Gestaltung und Satz: akuSatz, Stuttgart
Produktion: Eva Schmidt
Printed in Germany/Imprimé en Allemagne

Rassestandard Beagle

FCI-Standard Nr. 161 / 24. 07. 2000 / D
Übersetzung: **Jochen H. Eberhardt**
Ursprung: **Großbritannien**
Verwendung: **Laufhund**
Klassifikation FCI: **Gruppe 6 Laufhunde,
Schweißhunde und verwandte Rassen**
Sektion 1.3: **Kleine Laufhunde**
Mit Arbeitsprüfung